U0038221

有氧掃除不費力，
去污超犀利！

髒污明顯溶解掉落，
打掃輕輕鬆鬆！

廚房／浴室／客廳／洗手間／玄關

有氧掃除不費力，
去污超犀利！

髒污明顯溶解掉落，
打掃輕輕鬆鬆！

廚房／浴室／客廳／洗手間／玄關

天然鹼清潔術

有氧掃除不費力，去污超犀利！

講師：赤星 たみこ

INTRODUCTION

前言

然後得知

♥ 倍半碳酸鈉是弱鹼性

♥ 而家中污垢
幾乎都是弱酸性

♥ 倍半碳酸鈉的鹼性
會對酸性髒污
產生化學反應！

講師

赤星 たみこ

（あかほし・たみこ）

漫畫家、家事研究家。1979年出道成為漫畫家。無論少女漫畫、青年漫畫或散文皆受到廣泛年齡層的支持，也有許多作品改編成電影或電視劇。其生活小點子及熱愛環保一事都非常有名，因此也經常進行環境問題相關演講。著有《以倍半碳酸鈉＆肥皂 打造舒適生活》（青春出版社）等多數著作。

CONTENTS

目錄

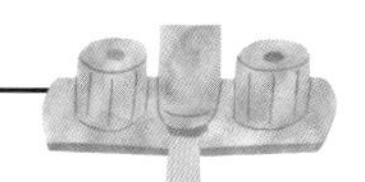

CHAPTER 1

倍半碳酸鈉的力量

以小蘇打作為清潔劑的打掃方式非常受歡迎，但最近備受矚目的，是去污能力比小蘇打更強的「倍半碳酸鈉」。而它究竟是什麼樣的清潔劑呢？讓我們先來了解它的性質吧！第一章介紹方便居家打掃的清潔劑──「倍半碳酸鈉水」的製作方式。此外，亦解說書中使用的其他清潔劑。

何謂倍半碳酸鈉？

倍半碳酸鈉與小蘇打同為弱鹼性粉末。又被稱為「碳酸氫三鈉」或「鈉倍半」。對於油污、蛋白質、皮脂、灰塵等酸性髒污非常有效，應用於居家日常掃除再方便不過。不但對環境友善，而且只需要將其溶於水中就能使用，十分簡單，因此是繼小蘇打之後的人氣清潔用品。

與小蘇打的不同？

倍半碳酸鈉的鹼性比小蘇打強（參考P.11），因此去污力也較高。可清除小蘇打無法去除的頑固髒污，相較之下使用量會比小蘇打少，更為經濟。也不像小蘇打會吸濕凝結成塊，可維持乾燥的粉末狀。易溶於水，使用後不會留下白色痕跡，無需使用檸檬酸中和。但也因此缺少小蘇打具有的研磨效果及去除濕氣功能。

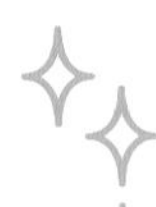

CHAPTER 1

清潔劑之pH與髒污性質

鹼性髒污有

- 水漬
- 尿垢
- 阿摩尼亞味
- 菸味
- 魚腥味
- 皂垢

等

↓

酸性清潔劑

酸性　弱酸性

pH 0 1 2 3 4 5 6

表示酸性・鹼性的強弱

0 參考值・鹽酸

2 檸檬酸、食用醋

污垢分為酸性及鹼性兩種，而生活中的髒污多半為酸性。要對付酸性髒污，就要使用鹼性清潔劑。相反的，鹼性髒污則要使用酸性清潔劑來去除。

如下圖所示，鹼性清潔劑由弱至強依序為小蘇打、倍半碳酸鈉、肥皂、過碳酸鈉（pH值越高，鹼性越強）。鹼性越弱對肌膚越溫和，但鹼性較強清潔力也較好，因此必須配合髒污程度選用清潔劑。

酸性髒污有

- 油漬
- 蛋白質髒污（食物、血液）
- 手垢
- 皮脂髒污
- 廚餘異味
- 灰塵　等

鹼性清潔劑

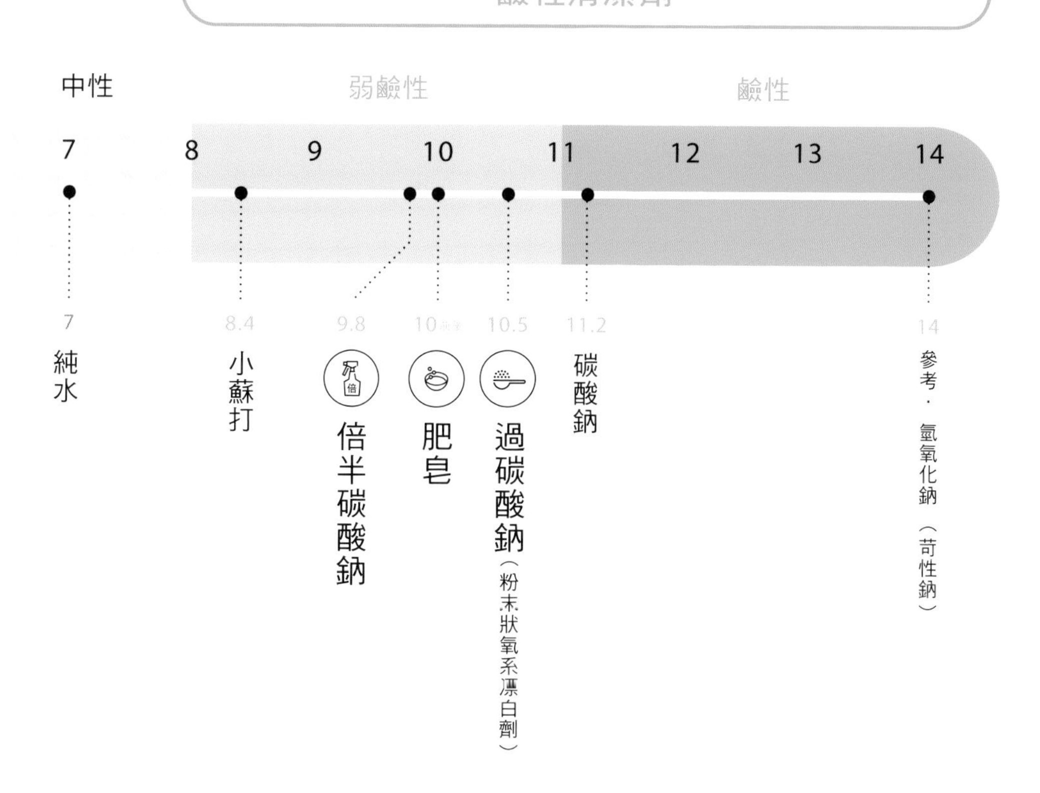

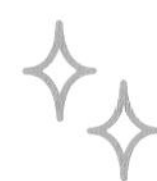

依髒污類別使用四種清潔劑

本書使用的清潔劑共四種。鹼性清潔劑為倍半碳酸鈉、肥皂及過碳酸鈉。酸性清潔劑為檸檬酸。請根據髒污性質來選用。

倍半碳酸鈉

家中較輕微的髒污皆可利用倍半碳酸鈉來清除。使用方式十分簡單，只要溶於水後噴灑即可。藉由倍半碳酸鈉水的鹼性中和酸性髒污，使污垢容易去除。可在化工行或網路商店等處購買。

※使用時請參考P.15注意事項。

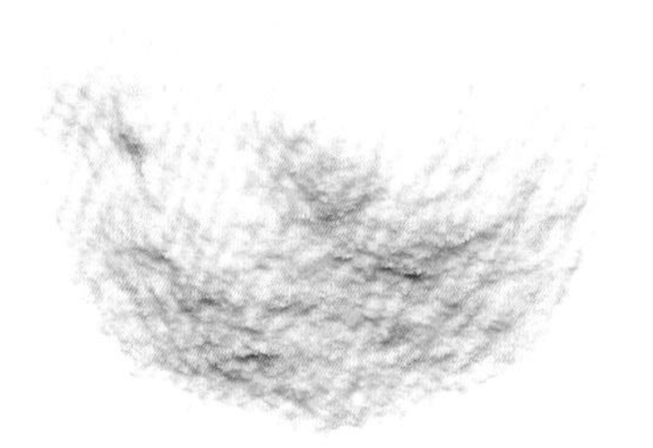

肥皂

鹼性比倍半碳酸鈉強，用於倍半碳酸鈉去除不了的髒污。無論水性或油性，肥皂都可融合後去除。請選擇品名為「肥皂」、「脂肪酸鈉」或是「純皂」的產品，溶於40～50℃的溫水後使用。固態或者粉末狀都可以。由於最後要將泡泡沖掉，因此適合可水洗的地方。

※加有碳酸鈉等助劑（增強洗淨力的成分）的洗衣皂，去污力會更好。

過碳酸鈉
（粉末狀氧系漂白劑）

可使用於倍半碳酸鈉及肥皂都無法去除的黴菌、深層污垢等頑強髒污。利用過碳酸鈉溶於水時產生的活性氧，進行漂白、去除頑固髒污。特點是比氯系漂白劑來的穩定、不傷素材。具除菌、除臭效果，也可使用於洗衣。

※請務必戴上橡膠手套使用。
※請勿使用成分並不相同的液體氧系漂白劑。

檸檬酸

與醋酸及食用醋同為酸性伙伴，特徵是沒有刺鼻的味道。有溶解鈣質的效用，可使用於打掃沉積的白色水垢或尿垢。此外，也可中和阿摩尼亞等鹼性氣味，消除異臭。

※請勿使用於大理石上。
※請勿與氯系漂白劑一起使用。可能會產生有毒氣體。

＼使用於居家打掃的清潔劑！／

能夠清除各種髒污的倍半碳酸鈉。只要溶於水後倒進噴霧器裡就能使用，非常方便。

倍半碳酸鈉水的製作＆使用方式

準備材料

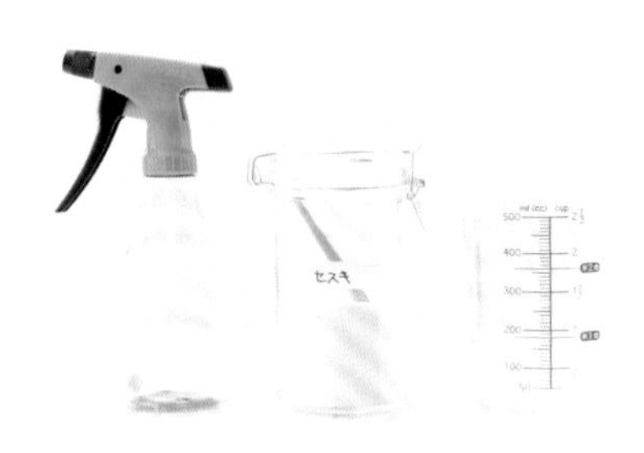

水 …… 500ml
倍半碳酸鈉 …… 1/2小匙
噴霧器
量杯、量匙

製作方式

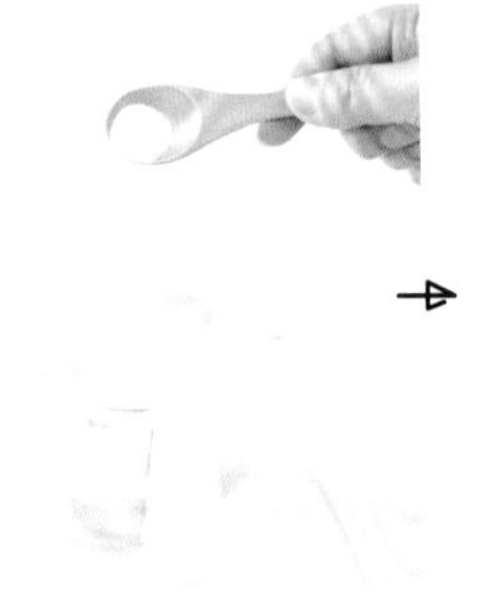

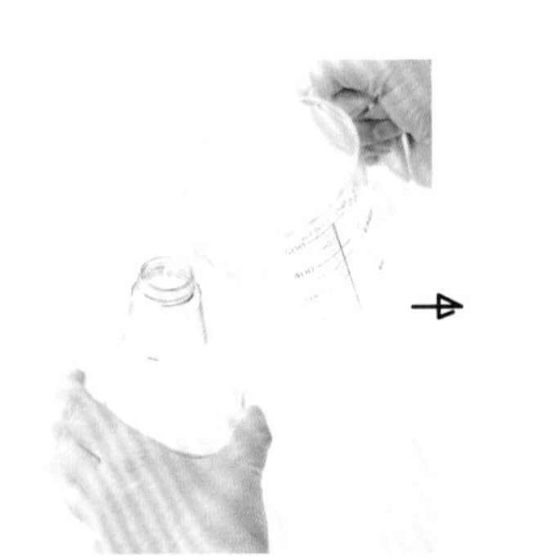

＼完成！／

① 在500ml的水中加入1/2小匙的倍半碳酸鈉，攪拌使其溶解。手摸有滑潤感即可。

② 將溶解的倍半碳酸鈉水倒進噴霧器中。

③ 完成。可以多作幾瓶，分別放在需要使用的地方，並且貼上標籤寫明內容物。

HINT

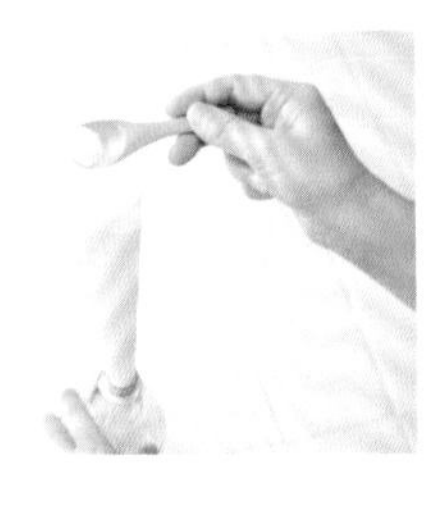

直接將倍半碳酸鈉加入容器中的情況

若噴霧器上有容量標示，也可以直接裝水，再將紙張捲成漏斗狀插進容器口，倒入倍半碳酸鈉即可。

使用方式

其之1

直接噴灑

如果是可以噴水的地方，就直接噴灑倍半碳酸鈉水。擦去髒污之後再加以沖洗，或是以濕抹布擦拭即可。

其之2

將浸於倍半碳酸鈉水中的抹布擰乾

若清掃面積較大、具有一定程度的髒污時，可直接使用臉盆製作倍半碳酸鈉水，將抹布浸入後擰乾，再擦拭髒污處即可。

其之3

將倍半碳酸鈉水噴在濕抹布上

清潔平常只使用清水擦拭的輕微髒污。抹布上的水分會稀釋倍半碳酸鈉水，對素材較溫和。擦拭後可直接以沒噴倍半碳酸鈉水的那面再次擦拭。

其之4

將倍半碳酸鈉水噴在乾抹布上

用於不適合噴水之處。只要輕輕噴灑，稍微沾濕抹布就好。

使用倍半碳酸鈉的注意事項

※肌膚較脆弱者請戴上橡膠手套作業。
※若直接接觸倍半碳酸鈉水，請於作業後以清水沖洗雙手。
※白木（無塗裝木材）、榻榻米或鋁製品等家具建材，可能會變色、變質。
※無法使用在不可碰水的布料、紙張、真皮上。
※請先於不顯眼處測試後再行使用。
※請勿讓倍半碳酸鈉水維持長時間的滯留狀態。尤其是有塗裝的物品、金屬等，使用後請務必立即以抹布擦拭。
※氣溫較高時，請於一週左右使用完畢。

CHAPTER

2

廚房

家中最容易累積髒污的區域，就是廚房。飛濺的油漬、沾黏的食物與調味料、沸騰溢出的湯汁等，若放著不管會越來越難清除，變得非常麻煩。但是，有了倍半碳酸鈉水就沒什麼好害怕的了！首先就以廚房來確認倍半碳酸鈉水的力量吧！對付特別頑固的污垢，可搭配肥皂一起使用。

瓦斯爐周邊油污

日常掃除
就交給倍半碳酸鈉水！

瓦斯爐可說是廚房裡污垢最多的地方。不管是油漬還是各種湯湯水水的污垢等，都能用倍半碳酸鈉水（參考 P.14）咻地噴一下再擦，一下子就能乾乾淨淨嘍！

※肌膚較敏感者請戴上橡膠手套作業。

瓦斯爐

1 取下爐架，在瓦斯爐整體噴灑倍半碳酸鈉水。

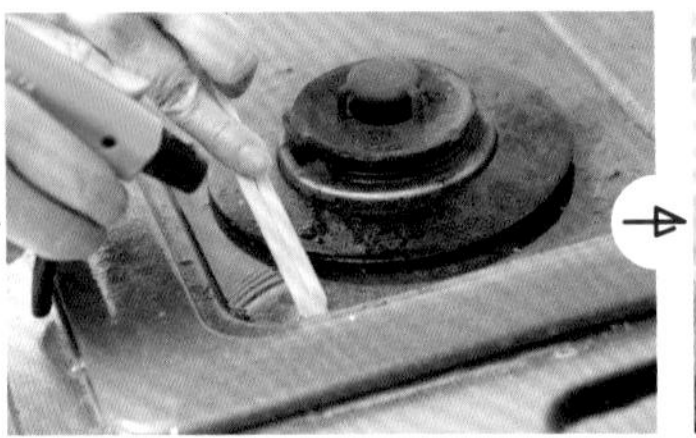

2 以免洗筷等工具將燒焦的污垢刮除。

3 取下爐頭，避開瓦斯氣孔噴灑倍半碳酸鈉水。

4 放置約十分鐘，待髒污溶解後，以擰乾的濕抹布擦拭。若是輕微的油污，如此便能清除。

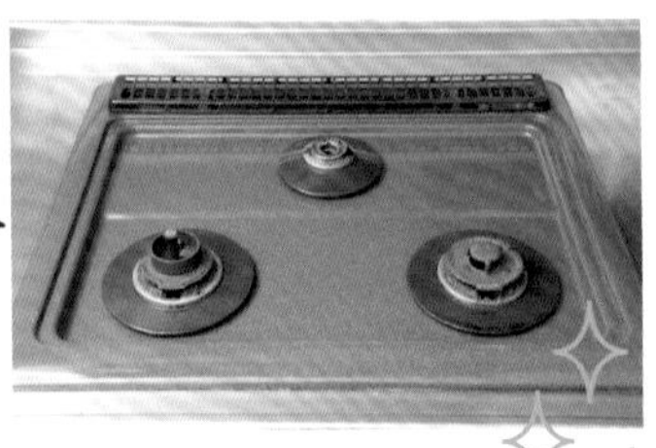

打掃完畢！

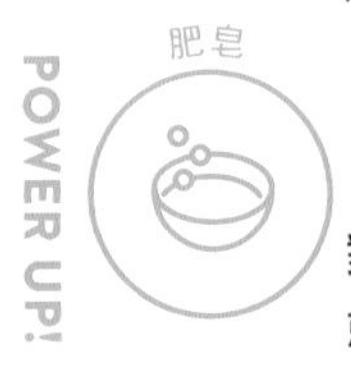

POWER UP!

對付焦黑黏膩的髒污就用「皂液」去除

若有倍半碳酸鈉水無法去除的硬化焦黑髒污，就用皂液（參考P.25）清潔吧！使用清潔海綿較硬的那面或菜瓜布（參考P.71）會比較容易清除。

抽油煙機上蓋的內・外側

外側

內側

將倍半碳酸鈉水直接噴灑於抽油煙機上蓋內、外側，等待約十分鐘後，以擰乾的濕抹布擦拭。若無法一次清潔乾淨，可重複數次。最後一定要以清水擦拭。

※若使用肥皂，可能會造成烤漆塗料脫落，因此，即使是頑固的髒污也請不要使用肥皂水。

瓦斯爐周邊牆面

瓦斯爐周邊的牆面容易沾上飛濺的油漬，作法同抽油煙機上蓋，直接噴灑倍半碳酸鈉水，再以擰乾的濕抹布擦拭即可。若是使用後馬上清潔，很容易就能去除油污。

若每天都使用倍半碳酸鈉水打掃一次，就能輕鬆去除髒污，常保清潔。

廚房的各種髒污

以倍半碳酸鈉水輕鬆去除薄薄包覆的那層油污

廚房裡的餐具櫥櫃或廚房家電、地板等，總是容易油膩膩的，沾上灰塵後更是黏膩。請試著使用倍半碳酸鈉水來清潔這些污垢吧！

☑ 餐具櫥櫃上的手垢

※若為白木櫥櫃，請先於不顯眼處測試後再行使用。

1 將擰乾的濕抹布噴上倍半碳酸鈉水。

2 擦拭櫥櫃上的手垢、灰塵、油垢。最後再次以擰乾的濕抹布擦拭。

基本上，不能直接噴灑在電器用品上。以噴了倍半碳酸鈉水的濕抹布擦過之後，一定要以清水再次擦拭。

☑ 微波爐裡的食物殘渣

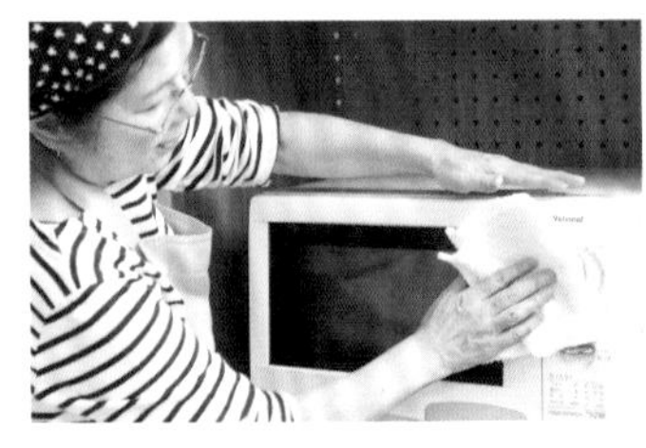

外側 微波爐門片外側的髒污，主要是把手上的手垢。和櫥櫃一樣，將倍半碳酸鈉水噴灑於擰乾的濕抹布後擦拭即可。

內側 1 門片內側也以噴灑了倍半碳酸鈉水的擰乾抹布擦拭。

2 微波爐裡面也一樣。最後以清水擦拭乾淨。

電鍋的水垢

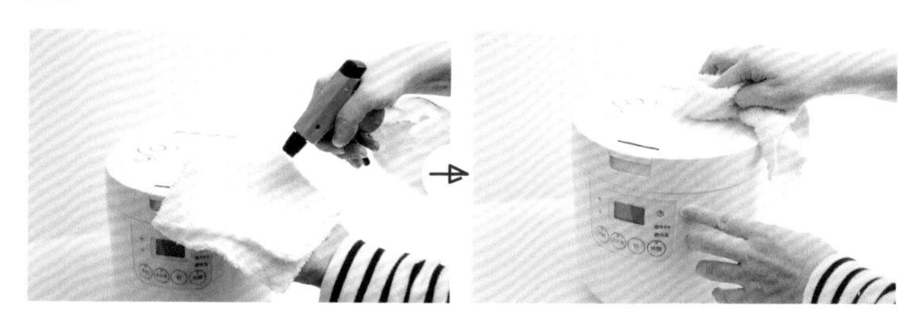

電鍋外側，將倍半碳酸鈉水噴灑於擰乾的濕抹布上，擦去污垢，之後再以清水擦拭。

冰箱的湯汁液體等髒污

冰箱外側可直接噴灑倍半碳酸鈉水，再以擰乾的濕抹布擦拭。冰箱裡則是使用噴了倍半碳酸鈉水的濕抹布去污，再以清水擦拭乾淨。

地板黏漬

廚房地板上的黏膩髒污，只要將倍半碳酸鈉水噴灑於擰乾的濕抹布，擦拭過後便會十分乾淨。若是較嚴重、已經凝固的髒污，可直接噴灑倍半碳酸鈉水再擦拭。

※白木或有上蠟的地板，請先於不顯眼處測試後再行使用。

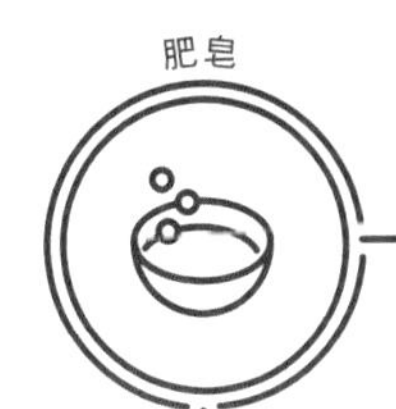

瓦斯爐周邊黏漬・焦污

難以清潔的物品，就放進肥皂水裡浸泡！

因為難以清潔，所以容易累積污垢的爐架和爐頭，或抽油煙機濾網等。這些不好刷洗的物品，就放進溶化肥皂粉的溫水裡，等污垢軟化再來清潔吧！

爐架

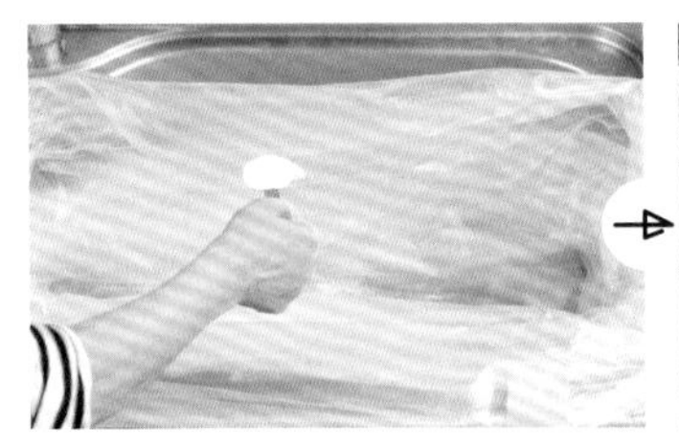

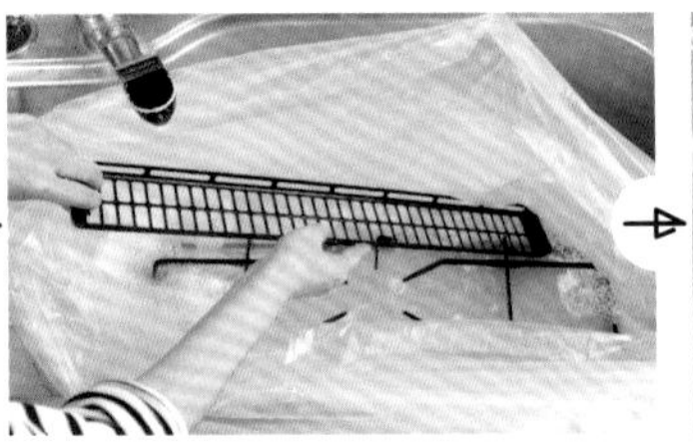

1 在流理台水槽裡重疊放置兩個較厚的垃圾袋，打開袋口，以膠帶固定。放入四大匙肥皂粉後，加入溫水至5cm左右的高度。水溫約在70～80℃左右。

2 攪拌使肥皂溶化之後，放進爐架、烤爐排氣口蓋等。將水加至蓋過所有清潔物體的高度。

3 垃圾袋口以膠帶封起，放置浸泡1至2小時。

放著等污垢軟化之後，只需要輕輕刷洗就會清潔溜溜。

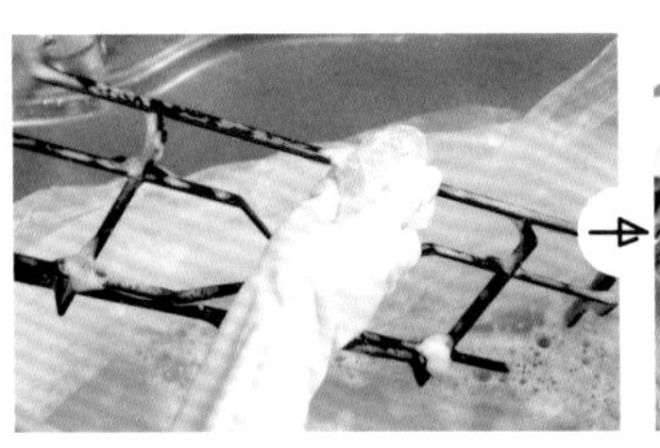

4 待污垢浮起之後，以海綿沾肥皂水刷洗，去除污垢。

5 污垢去除之後，以清水洗淨。

爐頭

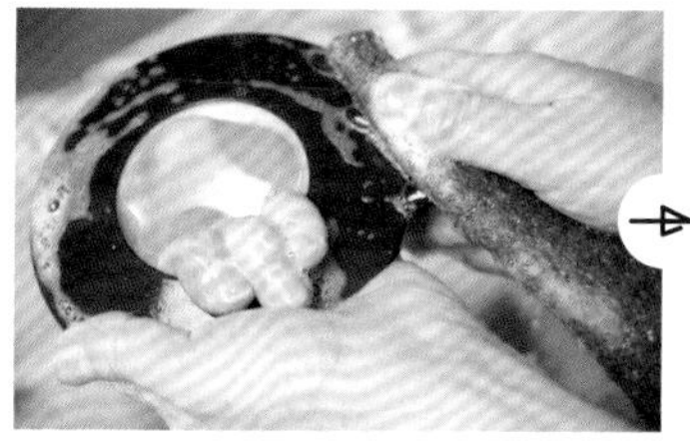

1 和爐架一起放在肥皂水裡，待污垢軟化後以較硬的菜瓜布（參考P.71）刷洗。

2 焦黏的污垢也通通清除了！

打掃完畢！

抽油煙機濾網

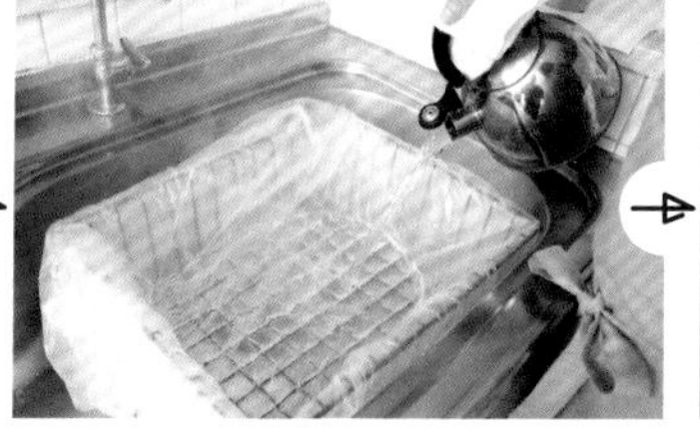

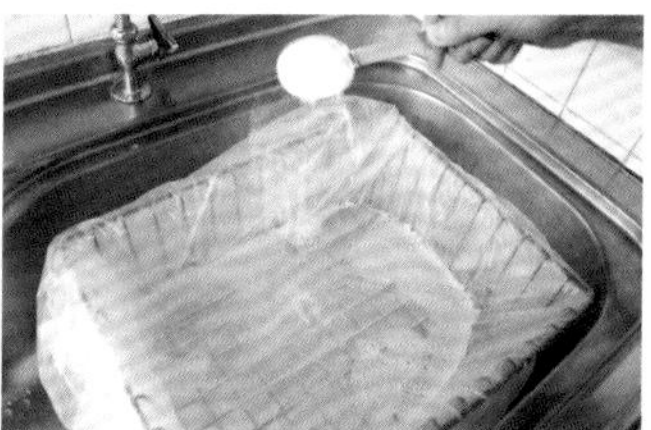

1 拆下抽油煙機濾網。

2 作法同P.22-1，在流理台裡疊放兩個垃圾袋，倒入約5cm高的80℃熱水。

3 放進兩大匙肥皂粉，攪拌均勻使其溶解。

4 放入取下的濾網，浸泡在肥皂水裡。

5 觀察起泡狀況，若感覺不夠可再添加肥皂粉。

6 溶解肥皂粉並攪拌均勻，使濾網整體都浸泡在肥皂水中。靜置約一個小時。

7 待髒污軟化後，以鬃刷去除污垢。

8 最後以溫水沖洗。

打掃完畢！

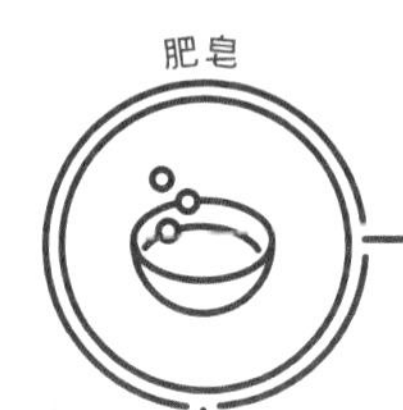

CHAPTER 2

換氣扇的黏答答污垢

像風扇這樣的黏漬 就要用強力去除油污的「濃稠皂液」

換氣扇的污垢，是沾附其上的油污及灰塵。乍看之下是非常難處裡的污垢，但是若使用「濃稠皂液」，意外的很容易就能清洗掉。「濃稠皂液」製作方式請參考下一頁！

1 切斷電源，拔下插頭後，拆下換氣扇的風扇。

2 以海綿沾取大量濃稠皂液。

3 風扇整體沾上大量皂液，待污垢浮起之後，再以起泡的海綿將髒污刷洗掉。中央部分也相同。

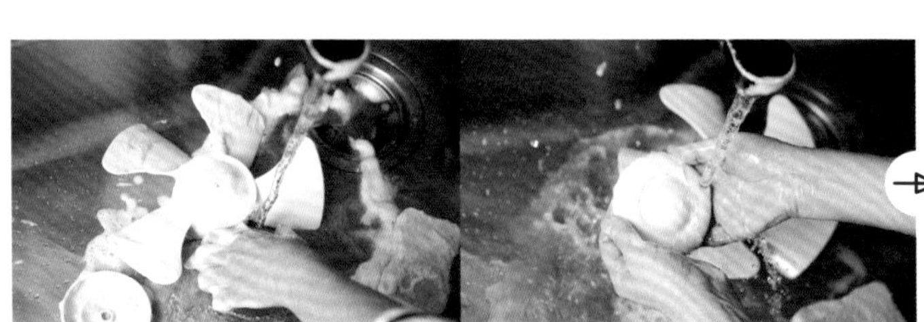

4 污垢清除至海綿刷過表面感到光滑時，就可以溫水沖洗乾淨。

打掃完畢！

若是抽風機的情況？

有些機種的抽風機無法拆除。若可以拆除，請將電源插頭從插座上拔下，或者切斷電箱的斷路器之後再拆下風扇。掃除方式與濾網相同（參考P.23），將其放置於溫熱的肥皂水中，再以刷子刷去髒污。

※請遵守各產品的說明書進行拆洗。

濃稠皂液的製作&使用方式

濃稠皂液是將肥皂粉（參考P.12）以溫水或冷水溶解後的液體。鹼性比倍半碳酸鈉更強，除了用來清潔瓦斯爐、換氣風扇等黏膩油污以外，也經常使用在碗盤清潔、浴室掃除等各種場合。使用後一定要再次以清水沖去肥皂成分，或者用濕抹布擦拭乾淨。若是可以水洗的地方，就很推薦使用「濃稠皂液」。

準備材料

肥皂粉 …… 100ml
溫水或水 …… 500ml
大碗・量杯・湯匙等

※使用溫水（熱水更佳）比冷水更容易溶解肥皂。

沒有肥皂粉的情況？

可將整塊的肥皂以刨絲器刨成絲，再以溫水或冷水溶解。

製作方式

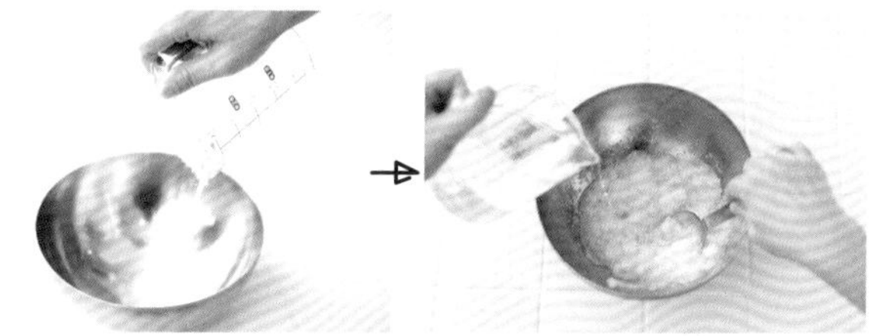

① 將肥皂粉100ml放進碗中。

② 慢慢將溫水或冷水倒入碗中。多少會凝結成塊，不用在意。

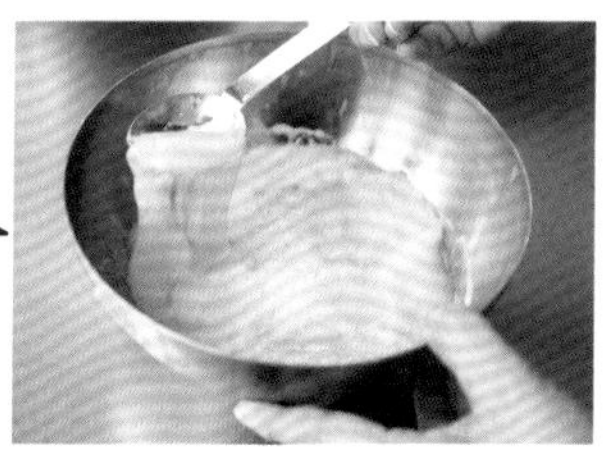

③ 徹底攪拌使其溶解，靜置待冷卻。

④ 冷卻後會呈現凝固的果凍狀（視水溫、肥皂粉種類等，不一定會變成果凍狀，但皆不影響使用效果）。

使用方式

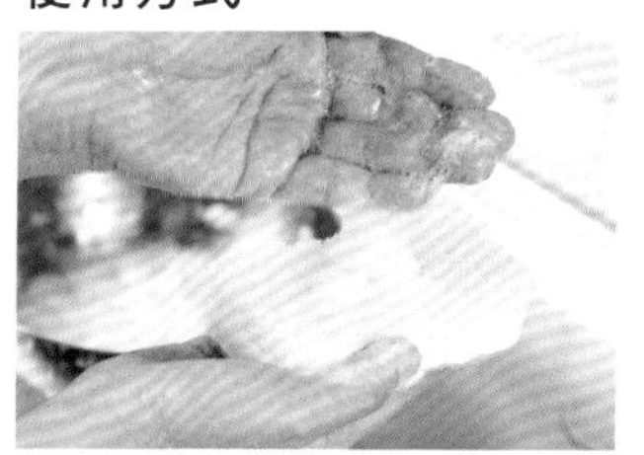

以手撈起濃稠皂液，倒在海綿上。淋上少許清水後，揉捏海綿數次使其充分起泡，再行使用。

※肌膚較脆弱敏感者，請戴上橡膠手套再進行作業。

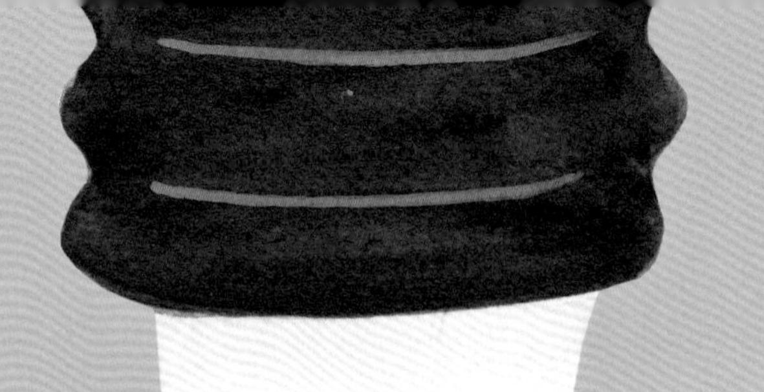

CHAPTER 3

流理台・排水口

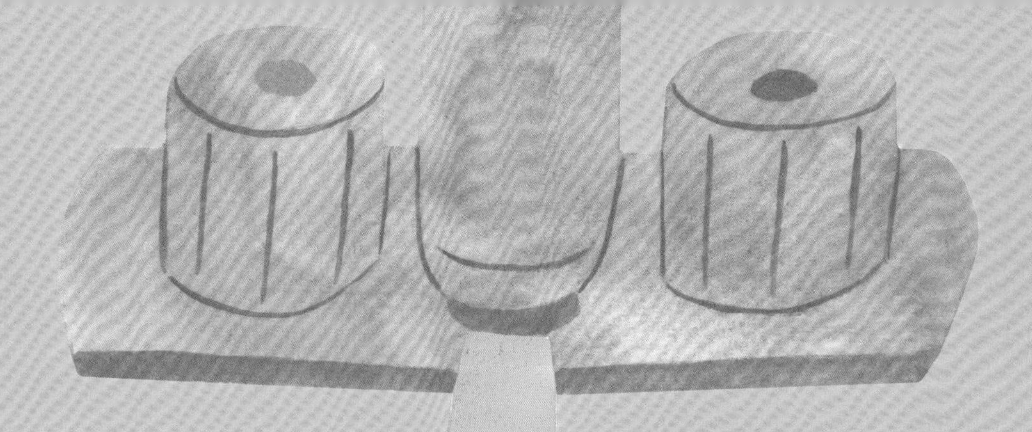

說到容易髒污僅次於瓦斯爐的地方，便是流理台周邊。尤其是排水口，累積了廚餘、油污、水漬等各種污垢。若是放著不管，黏滑感會越來越嚴重，還可能發霉或產生惡臭……輕微的髒污只要刷洗一下就能去除，但頑固附著的髒污就用倍半碳酸鈉或肥皂來清除吧！

流理台周邊髒污

清洗餐具後
順便用倍半碳酸鈉水
打掃流理台！

只要不是陳年頑垢，流理台內的污垢通常都是刷洗一下就會掉落了。流理台、水龍頭及廚餘槽，都可以在清洗餐具後順便以倍半碳酸鈉水（參考P.14）打掃，養成習慣就能維持亮晶晶的流理台。

※肌膚較脆弱敏感者請戴上橡膠手套作業。

流理台內

1 流理台全面噴灑倍半碳酸鈉水。盡可能靜置十分鐘左右，待污垢軟化。

2 污垢軟化後，先以海棉刷洗。不要用水。

3 清不掉的頑強髒污，就再次噴灑倍半碳酸鈉水擦拭。若油污非常嚴重，就使用皂液（參考下一頁）清潔吧！

4 髒污都刷下之後，一邊以海綿擦拭一邊沖水。

打掃完畢！

水龍頭

1 將倍半碳酸鈉水噴在水龍頭及周遭。

2 以小碗裝水，一邊從上方沖洗，一邊以海綿刷洗。別忘了水龍頭後面也要清潔。

廚餘槽

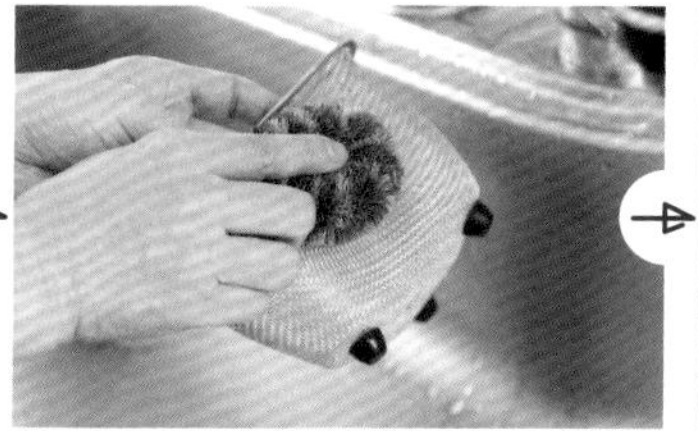

1 將倍半碳酸鈉水噴灑於廚餘槽。

2 以鬃刷刷洗，清出卡在網孔中的髒污。

3 一邊以鬃刷刷洗，一邊以清水沖洗乾淨。

POWER UP!

嚴重髒污
就使用濃稠皂液吧！

凝固的油垢或者頑固髒污等，以倍半碳酸鈉水清不乾淨的嚴重髒污，可以使用濃稠皂液（參考P.25）清潔。放置十分鐘左右再進行清洗，污垢就會變得較容易清除。

水龍頭

① 以海綿沾取濃稠皂液，起泡後擦拭水龍頭及周邊。

② 細節部位可使用牙刷。

廚餘槽

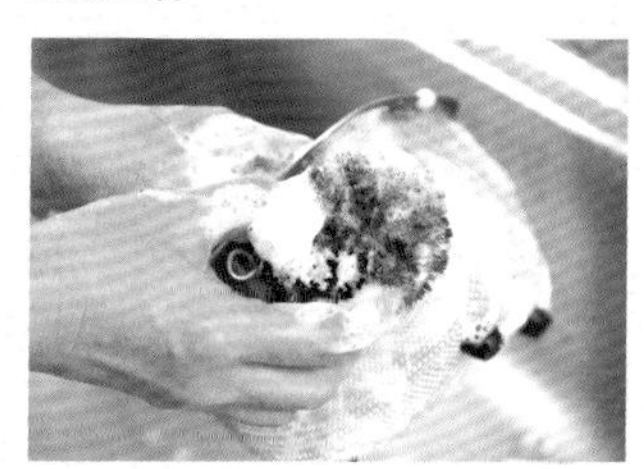

以鬃刷沾取濃稠皂液，同樣是起泡後使用。

CHAPTER 3

排水口黏滑污漬

只要使用
濃稠皂液擦拭就OK！

總是一不小心就放著沒清理的排水口。周邊的黏滑污漬是匯集了油、廚餘、水漬等綜合性髒污，但是只要使用濃稠皂液（參考 P.25）就能清掉大部分的污垢。若是已經出現發霉的情況，就試著使用過碳酸鈉（參考 P.13）吧！

排水口提籠

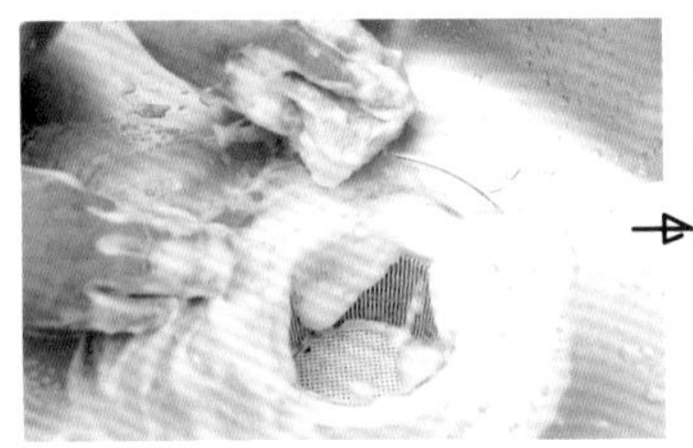

1 海綿沾取濃稠皂液起泡後，連同周邊一起刷洗留在排水口中的提籠，刷洗後，將泡泡留在提籠裡。

2 待污垢軟化，取出提籠，再次沾上皂液刷洗。

3 最後若有海綿清不乾淨的網孔污垢，就以鬃刷處理乾淨。

排水口

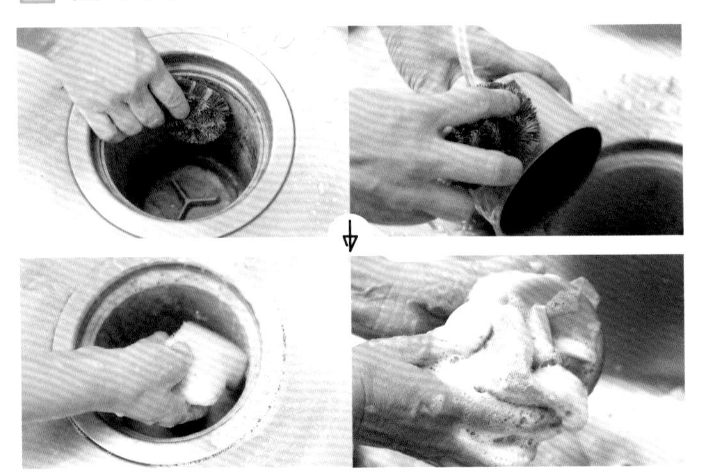

1 排水口防臭防蟲落水頭的黏滑污垢大多可以刷掉，所以先不使用清潔劑，只以鬃刷刷洗即可。防臭蓋也要拿起來刷洗內外側。

2 海綿沾取皂液起泡後，刷洗排水口內側及防臭蓋，沖洗乾淨。

排水口的黴菌
就利用過碳酸鈉去除

※使用時請務必戴上橡膠手套。

① 若怠於清潔，排水口內側就容易發霉。肥皂清不掉的黴菌，就利用過碳酸鈉（參考P.13）來去除吧！

② 高溫較容易去除髒污，因此在排水口內側淋上70℃左右的熱水，使其升溫（不要用滾燙開水）。

③ 為了使過碳酸鈉能順利附著在排水口內側，先在排水口上方沿著邊緣倒入濃稠皂液。

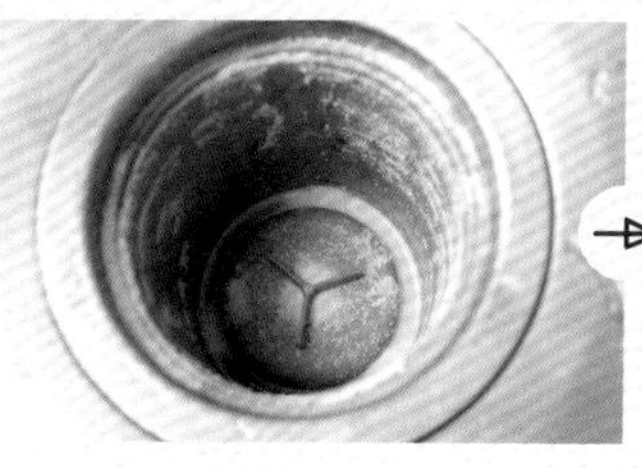

④ 將過碳酸鈉輕灑在排水口內側，注意不要漏掉任何地方。

⑤ 內側灑上過碳酸鈉的樣子。

⑥ 朝著過碳酸鈉灑上少量熱水。

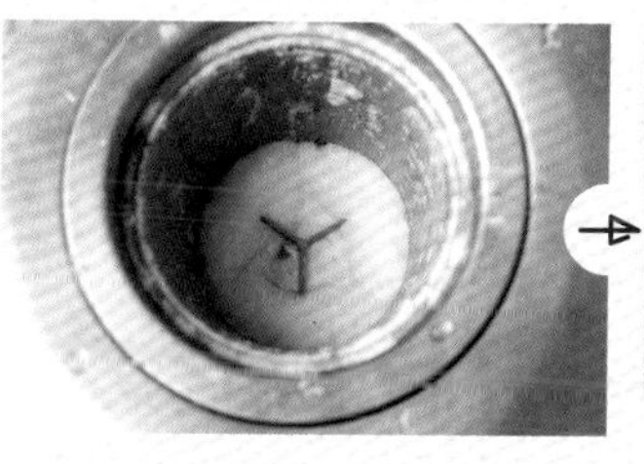

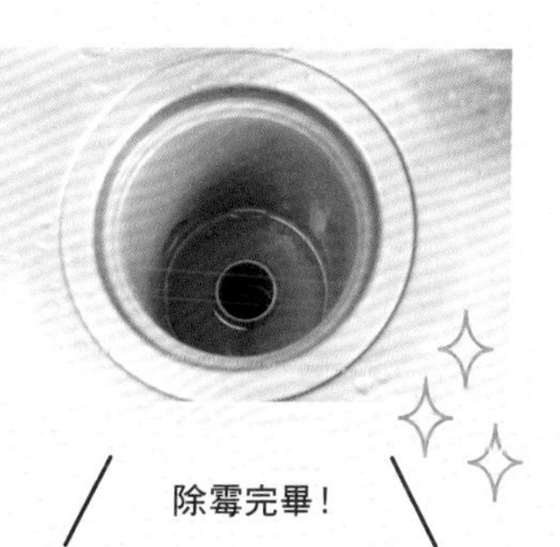

⑦ 逐漸開始發泡。至少放置一小時（最好是一整晚）。

⑧ 以海綿刷去黴菌，同時以清水沖乾淨。

除霉完畢！

清洗餐具

使用濃稠皂液
讓餐具潔淨亮晶晶！

容易起泡的皂液，最適合用來清洗餐具。油污較多的餐具，可先行噴灑倍半碳酸鈉水，使污垢容易去除，也能減少肥皂用量。

☑ 餐具

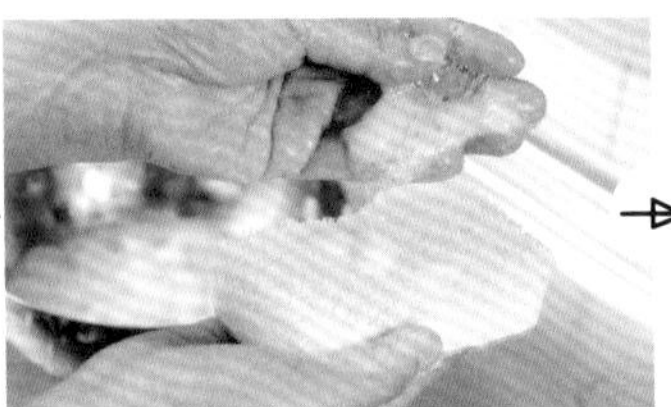

1 將倍半碳酸鈉水噴在餐具或鍋子上，稍微放置後以溫水沖洗。

2 以海綿沾取濃稠皂液並使其起泡。

3 以平常的方式清洗餐具。泡泡消失就再次沾取肥皂來清洗。

☑ 保存容器

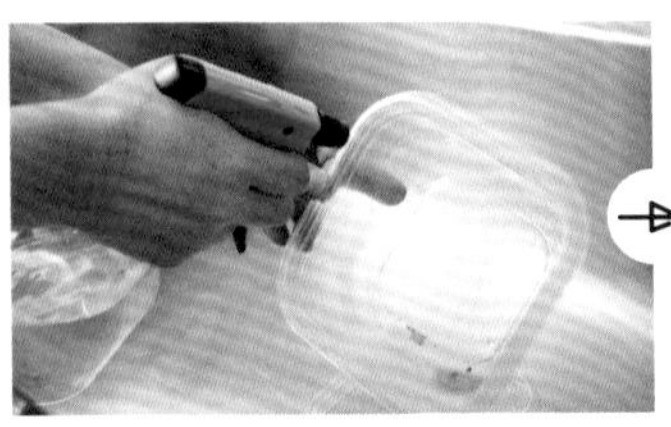
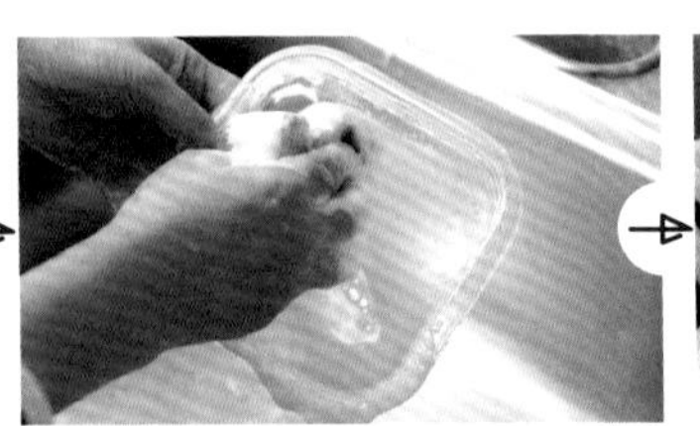

1 將倍半碳酸鈉水噴在保存容器上，等待一段時間後再以溫水沖洗。

2 以海綿沾取皂液，讓大量泡泡帶走污垢。

3 以溫水沖洗。使用手指摩擦會發出啾啾聲就OK了。

☑ 茶垢

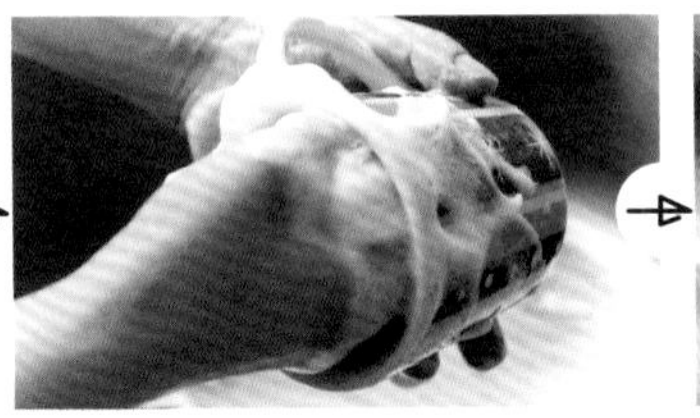

1 容易堆積在馬克杯上的茶垢，也能使用濃稠皂液清除。

2 濃稠皂液起泡後，使用海綿較硬的那面用力刷。

3 以溫水沖乾淨。表面變光滑之後，茶垢也比較不容易沾附。

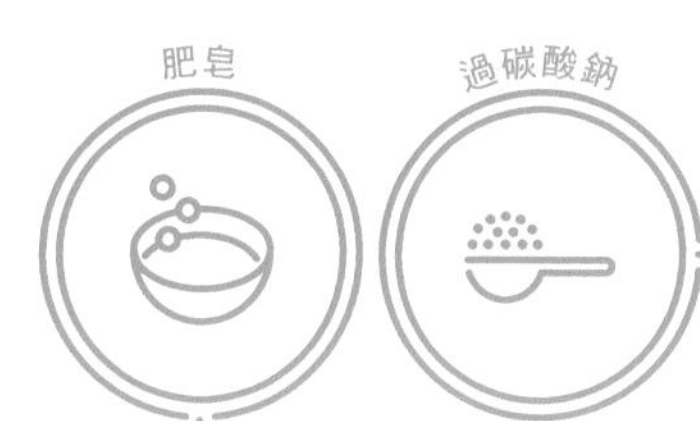

去除抹布污痕・黃化

污痕使用肥皂，黃化則是使用肥皂+過碳酸鈉水煮燙

只要使用肥皂，就能輕鬆去除抹布的污痕及黃化。而歷時已久的黃化，只要加上過碳酸鈉水煮燙一下，就能變回潔白的模樣。肥皂不傷布料，因此不會減短抹布的使用壽命。

☑ 髒污

1 殘留污痕的抹布。

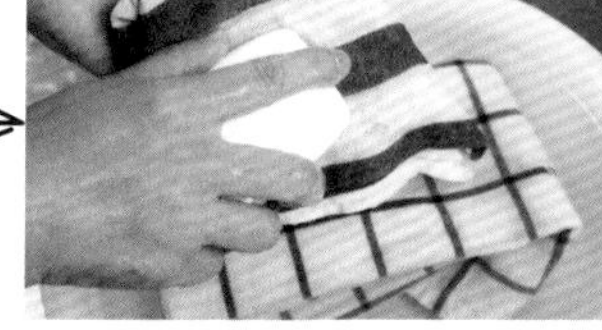

2 先以溫水打濕抹布，再直接用肥皂磨擦污痕。

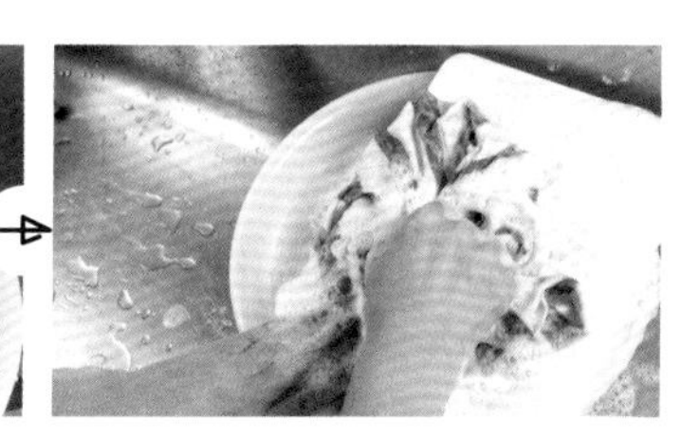

3 如圖示一邊摩擦肥皂一邊起泡清洗。使用洗衣板會較輕鬆。若能每天清洗就不會有污痕殘留。

☑ 黃化

※請務必戴上橡膠手套使用。　※不可使用鋁鍋。

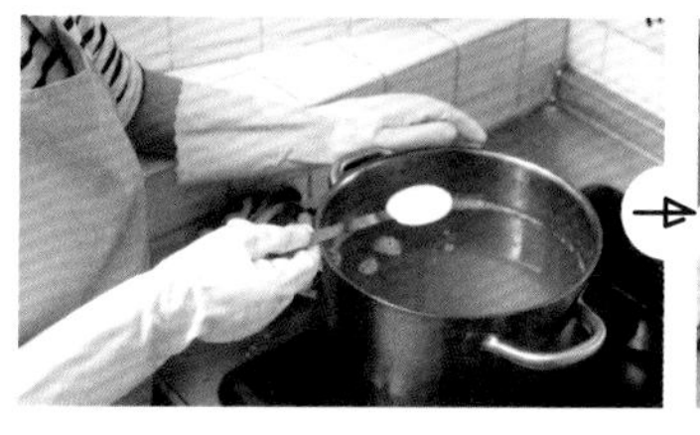

1 在大鍋中放入3.5公升的水及一大匙肥皂粉，攪拌均勻。放入抹布後開大火。

2 沸騰前關火，放置一段時間後，大部分的污垢會掉落。還是無法去除的污垢，就加進1/2大匙的過碳酸鈉。

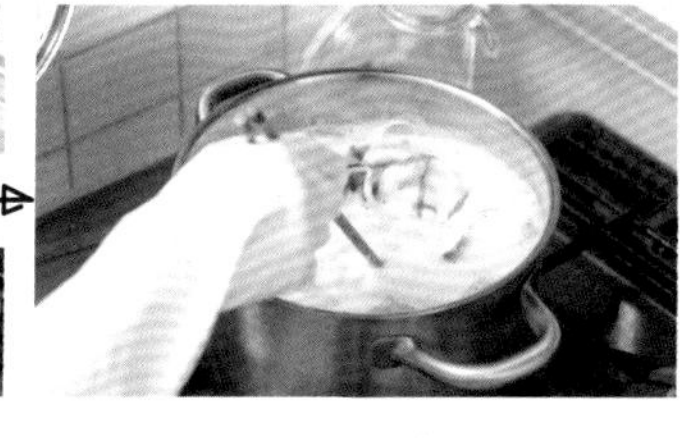

3 煮到約50℃時，加入過碳酸鈉使其發泡。攪拌均勻使抹布沾滿過碳酸鈉泡泡。

4 蓋上鍋蓋，靜置直到手可以安心觸摸的溫度。

5 將抹布放進水桶裡，以流動的清水洗滌。

6 右邊是煮過的抹布。已去除黃化，變得白亮乾淨。

CHAPTER

4

浴室

浴室的髒污種類繁多，有皂垢、皮脂污垢、灰塵、水垢等。由於溫度、濕度皆高，若持續累積污垢則可能造成黴斑生成。首先，以倍半碳酸鈉水打掃，使浴室轉變為不易發霉的狀態。之後再使用過碳酸鈉清潔黴斑。對付水垢則是使用檸檬酸來去除。

每日浴室清潔

每天的清潔保養，只需要倍半碳酸鈉就OK！

浴室是每天使用的地方，因此希望能維持清爽舒適的環境。使用倍半碳酸鈉水，讓每日的掃除輕鬆愉快吧！

※肌膚較脆弱敏感者請戴上橡膠手套作業。

浴缸

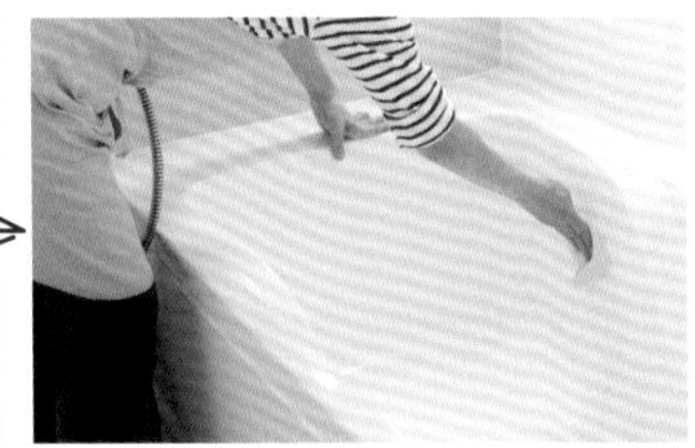

放水後在整個空浴缸均勻噴灑倍半碳酸鈉水。使用壓克力纖維海綿（參考P.71）刷洗，最後以溫水沖洗。只要每天洗澡後順便清潔，就會很輕鬆。

牆壁

牆壁上意外的會殘留不少皮脂污垢或肥皂泡等飛濺物。可一邊噴灑倍半碳酸鈉水，一邊以壓克力纖維海綿刷洗。

地板

地板上容易堆積皂垢或皮脂等髒污。可噴灑大量倍半碳酸鈉水後，靜置約十分鐘，待污垢軟化再以壓克力纖維海綿刷洗去除。若每天都使用倍半碳酸鈉水打掃，會越來越不容易黏附髒污。

磁磚縫隙的徽斑清潔

浴室很容易發霉。尤其是磁磚縫隙或水封，一旦發霉就很難去除。若是已經發霉，就用過碳酸鈉（參考P.13）來清潔吧！

※請務必戴上橡膠手套使用。

① 先試著以倍半碳酸鈉水或肥皂在發霉處刷洗清潔。如此一來，表面的污垢應該就能清掉。接著以溫水沖洗表面，提高溫度。

② 將一大匙過碳酸鈉放進碗之類的容器，以少量溫水溶解成膏狀。

③ 使用牙刷沾取，刷在黴斑處。

④ 塗完所有黴斑之後，趁未乾之際以保鮮膜覆蓋。放置一個晚上。

⑤ 第二天以小型刷子（縫隙用，參考P.71）邊刷邊沖洗。

⑥ 最後以抹布擦拭。若一次清不掉，可重複數次。黴斑是一定可以去除的，請不要放棄。

HINT

降低黴斑發生的可能性

產生黴菌的三大條件為溫度、濕度、營養。因此經常保持在溫暖、潮濕又有皂垢和皮脂等營養的浴室，對黴菌來說就是最好的環境。去除任一條件，都是防止發霉的要點。首先，洗澡後以冷水沖洗，使溫度下降。之後至少一週一次，在洗澡後以刮刀去除凝結於天花板及牆壁上的水滴，這樣就能有效延緩黴菌生長的時間。

浴室周邊黏滑髒污

不管是黏滑髒污，
還是黏稠污垢，
都用倍半碳酸鈉水清除！

浴室之中，還有一些特別容易堆積髒污的物品及場所。這些混合各種污垢的黏滑髒污或黏稠污垢，全都只要使用倍半碳酸鈉水就能清除！

☑ 蓮蓬頭水管

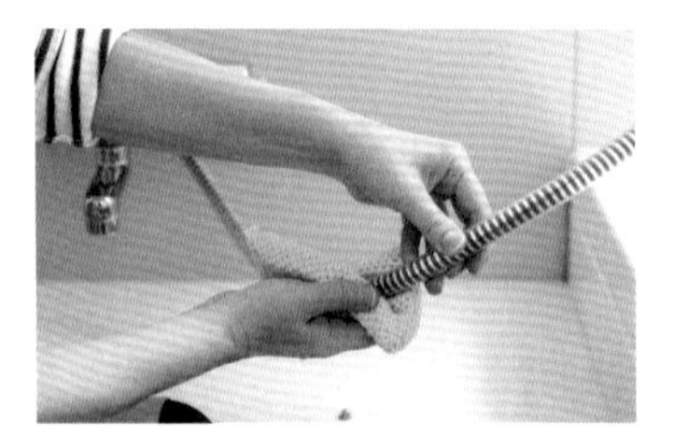

蓮蓬頭水管垂下來的那段很容易變得黏黏滑滑。噴上倍半碳酸鈉水，再以壓克力纖維海綿（參考P.71）刷洗。

☑ 臉盆

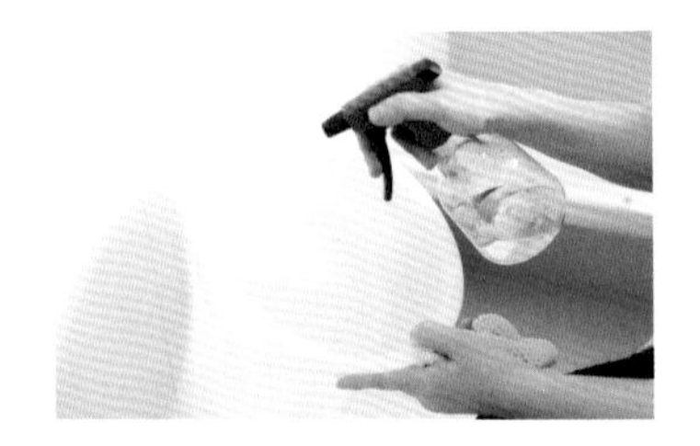

容易堆積黏滑髒污之處，是臉盆底部。臉盆內側也很容易堆積皂垢和溫水的水垢。噴灑倍半碳酸鈉水後，以壓克力纖維海綿刷洗。但是，還有倍半碳酸鈉去不掉的粗糙污垢——水垢，因此請噴上檸檬酸水（參考P.41）除垢。椅子的處理方式同臉盆一樣。

☑ 浴缸蓋

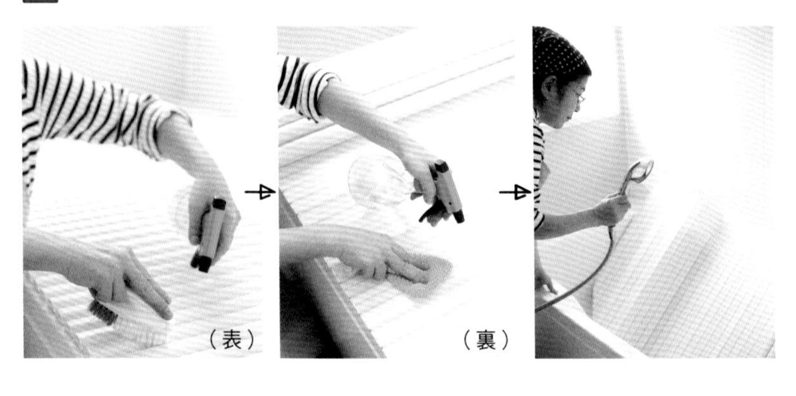

摺疊式浴缸蓋的摺疊處積水很容易附著灰塵，進而變成黏稠污垢。內側則因為經常接觸蒸氣，容易繁殖雜菌，產生黏滑髒污。兩面都噴上倍半碳酸鈉水，表面用刷子、背面用壓克力纖維海綿刷洗。最後將其立於浴缸之中，以蓮蓬頭沖洗乾淨。

置物架

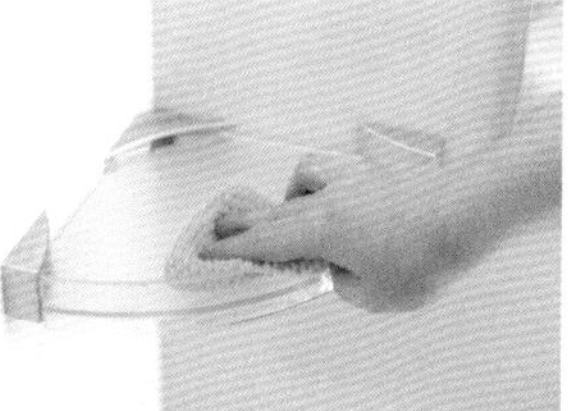

洗臉台周邊的置物架，由於經常積水的緣故容易產生黏滑髒污。將瓶瓶罐罐全部取下，噴灑倍半碳酸鈉水後，以壓克力纖維海綿刷洗。瓶罐底下也要刷洗。

拉門軌道

門板軌道會累積灰塵與水混合的黏稠污垢。先用刷子刷掉表面污垢，再噴上倍半碳酸鈉水。等到附著的污垢軟化，再以壓克力纖維海綿刷洗乾淨。

門板

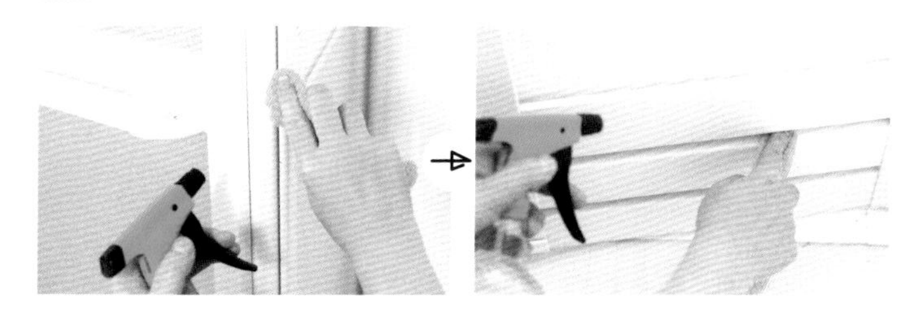

摺疊式拉門容易堆積髒污的地方，就是兩扇門之間，還有透氣的百葉窗部分。這些地方都可以噴上倍半碳酸鈉水，再以壓克力纖維海綿刷洗。較頑強的污垢，可噴灑後等待十分鐘再進行清掃。

排水口

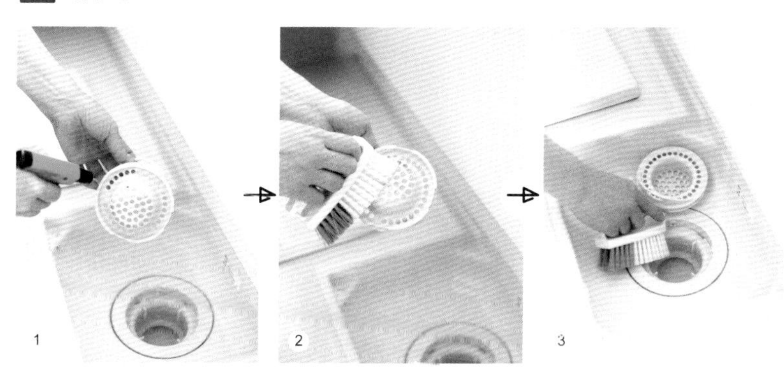

①打開浴室的排水口蓋，拆下雜物濾網，清掉垃圾之後噴上倍半碳酸鈉水。
②以刷子刷掉黏滑物。
③排水口的防臭防蟲裝置，也是清掉垃圾後噴上倍半碳酸鈉水，再以刷子清潔。

排水設施水垢

頑固的水垢
就以檸檬酸水包覆

一旦產生就非常麻煩的水垢，在浴室的鏡子、水龍頭周邊、蓮蓬頭口經常可以看到。鹼性的水垢無法使用倍半碳酸鈉水去除，所以要改用檸檬酸水。若是頑強水垢，就包著它幾小時吧！

鏡子

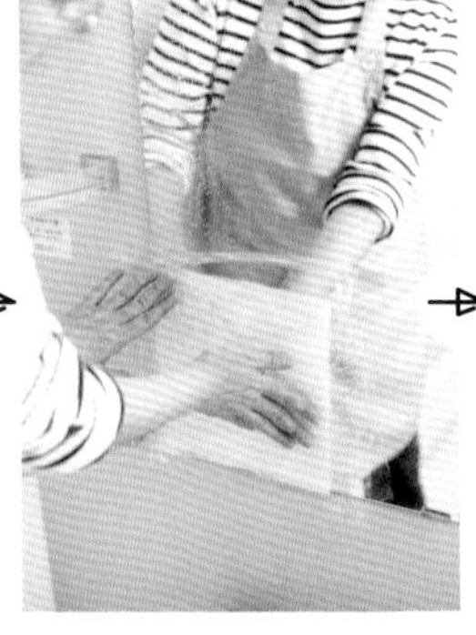

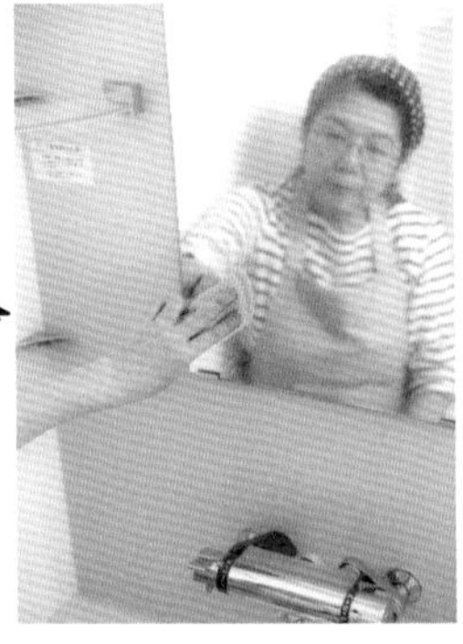

1 將檸檬酸水噴灑在鏡面的水垢處。

2 將紙巾貼在鏡子上，再次噴灑檸檬酸水使其貼合。

3 趁其尚未乾燥時，包上保鮮膜。就這樣靜置數小時。

4 拿掉保鮮膜和紙巾，以壓克力纖維海綿刷洗，即可輕鬆刷去水垢。之後再以清水沖洗。假如一次清不乾淨，多試幾次就會乾淨了。

水龍頭

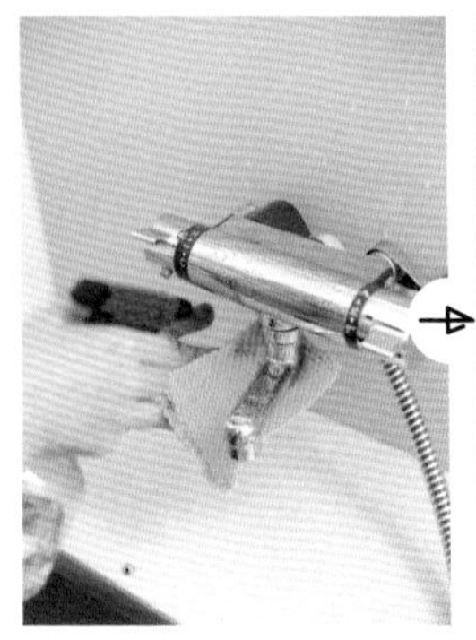

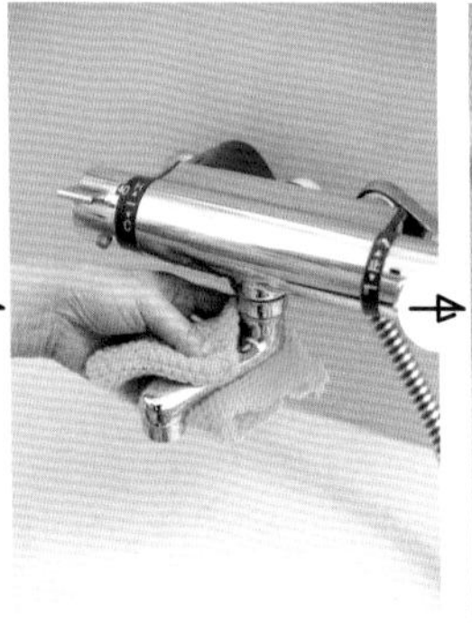

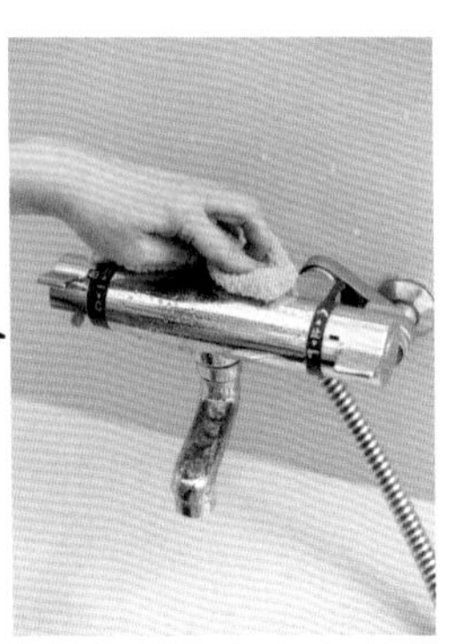

將檸檬酸水均勻噴灑在水龍頭整體周遭，再以壓克力纖維海綿刷洗，最後以清水沖淨。為了不讓頑固水垢產生，還請細細刷磨。若已有頑強水垢，清潔方式同鏡子，先包覆幾小時再進行清掃。

☑ 蓮蓬頭

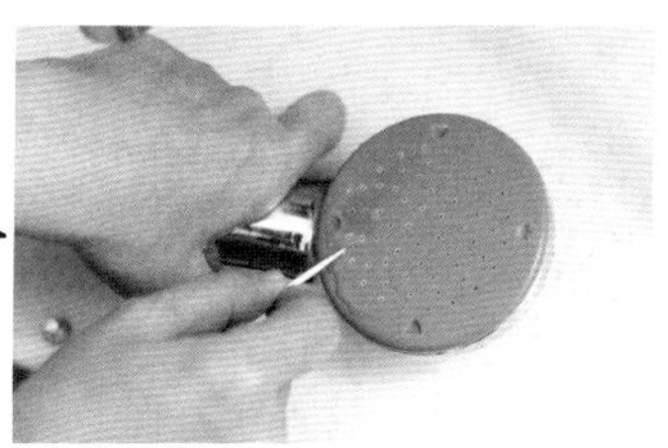

蓮蓬頭出水孔周遭容易堆積水垢。將蓮蓬頭整體噴上檸檬酸水，等待約十分鐘後以刷子刷洗。卡在洞孔的水垢則可使用牙籤剔除，最後再用清水沖洗。

檸檬酸水製作方式

準備材料

檸檬酸 …… 一小匙多
水 …… 500ml
噴霧器
量杯、湯匙等

※檸檬酸不可使用於大理石上。另外，若附著於金屬可能傷及表面，因此請避免長時間放置不管，並且最後一定要用清水沖洗。

※不可與氯系漂白劑一起使用。可能會產生有毒氣體。

製作方式

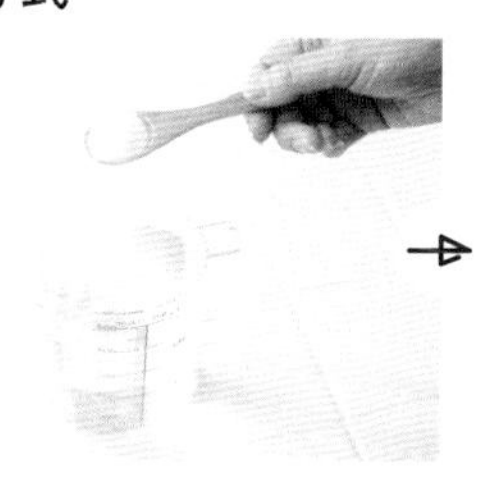

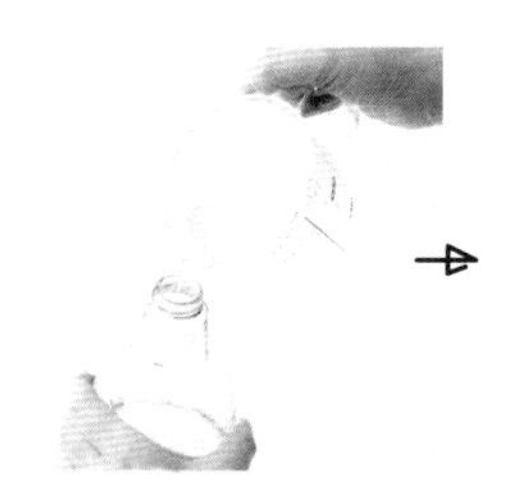

① 量杯裝入500ml水，加入一小匙多一點的檸檬酸。徹底拌勻使其溶解。

② 裝入噴霧罐。

③ 完成。為了確認罐中內容物為何，可使用不同顏色的罐子，或者貼上標籤明確標示。

CHAPTER

5

客廳①

客廳的髒污多半是灰塵，倍半碳酸鈉也可用於清掃灰塵。製作倍半碳酸鈉拖把或倍半碳酸撢子，讓打掃客廳變得輕鬆又愉快吧！凡是吸塵器無法徹底清理之處、家具背面或縫隙間的灰塵，都能瞬間吸附。

以倍半碳酸鈉拖把打掃客廳地板

只是將浸過倍半碳酸鈉水的濕抹布，裝在市售的平板拖把上，就成了「倍半碳酸鈉拖把」。不管是家具底下，還是房間角落，都能簡單擦拭打掃。

※請不要使用於白木或上蠟的地板。

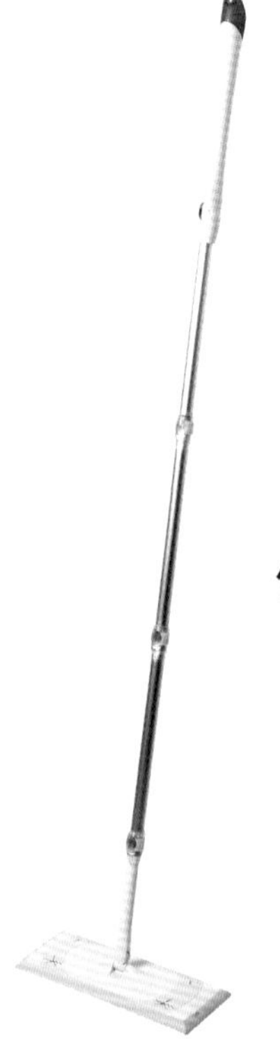
平板拖把

倍半碳酸鈉拖把製作方式

準備物品

・倍半碳酸鈉水
（水250ml+倍半碳酸鈉1/4小匙）
・市售平板拖把
・抹布（破布等）
・臉盆等容器

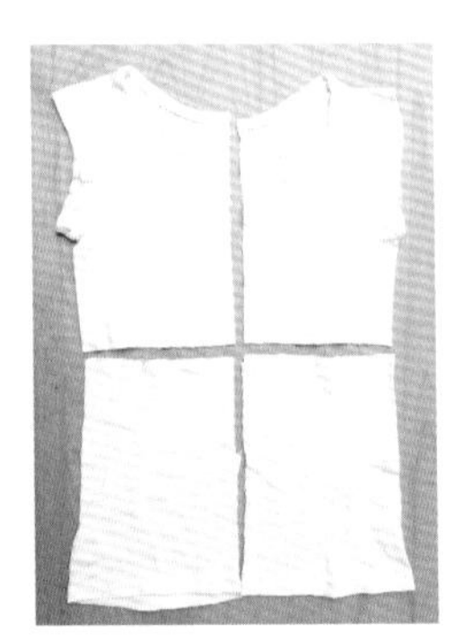
此處使用舊T恤來取代抹布。如圖示從中央裁開，當作抹布使用。不但厚薄適中，且清潔時的貼合感也恰當。

製作方式

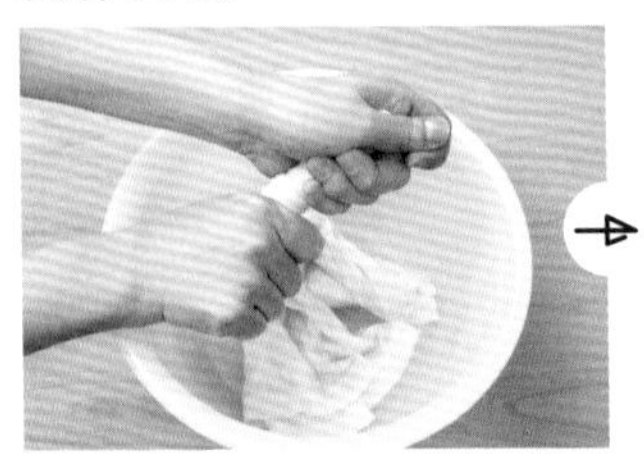
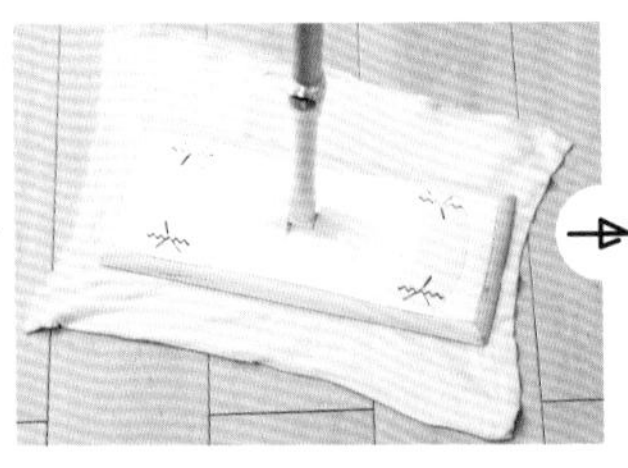
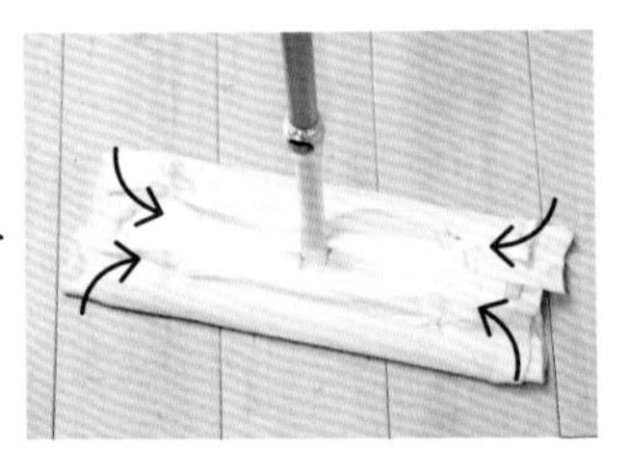

① 在臉盆裡製作倍半碳酸鈉水，打濕抹布後擰乾。
※肌膚較脆弱敏感者請戴上橡膠手套作業。

② 攤開抹布，將平板拖把放在正中間。

③ 將四角夾進平板拖把固定孔就完成了。抹布髒掉換面使用即可。

以倍半碳酸鈉拖把
讓家具底下及房間角落
都變得亮晶晶！

使用倍半碳酸鈉拖把全面打掃房間。由於倍半碳酸鈉的功效，會比清水擦拭更容易清掉污垢。

房間角落也認真擦拭。

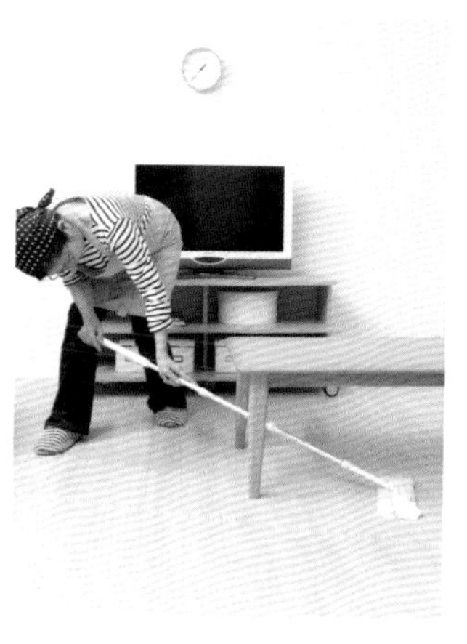

桌子下方也可輕鬆打掃。

不需搬動家具，就能清掃狹窄的沙發下。

以倍半碳酸鈉撢子打掃灰塵

接下來，就以細棍前端綁上抹布的「倍半碳酸鈉撢子」來打掃吧！倍半碳酸鈉撢子可以活用在清理家具背面，以及裝飾櫃縫隙的灰塵。只要以倍半碳酸鈉水打濕抹布，就能夠吸附灰塵。

倍半碳酸鈉撢子的製作方式

準備物品

- 倍半碳酸鈉水（水250ml+倍半碳酸鈉1/4小匙）
- 長度50cm左右的細棍
- 抹布（或破布等）
- 橡皮筋
- 臉盆等容器

製作方式

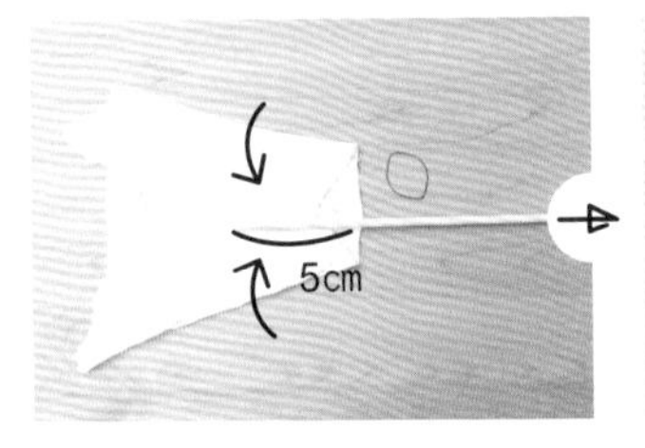

① 與倍半碳酸鈉抹布相同，先打濕抹布（參考P.44-①）。將抹布摺成一邊攤開、一邊摺起的樣子，準備好的細棍則放在抹布中間，重疊約5cm左右。

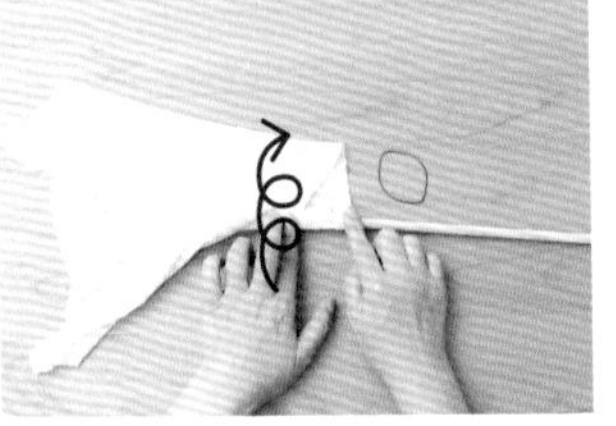

② 將抹布捲在細棍上。

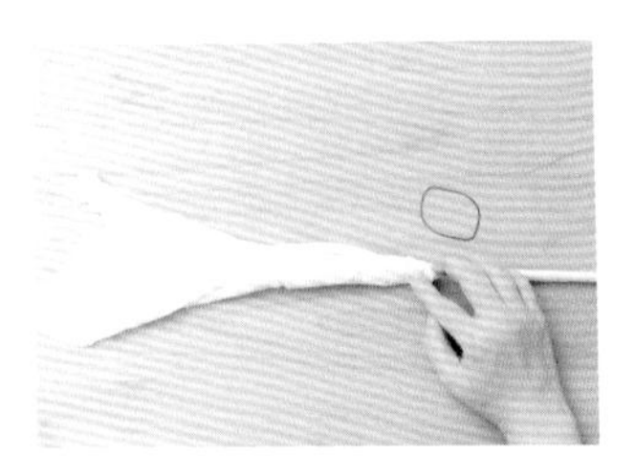

③ 將前端調整為攤開的樣子。

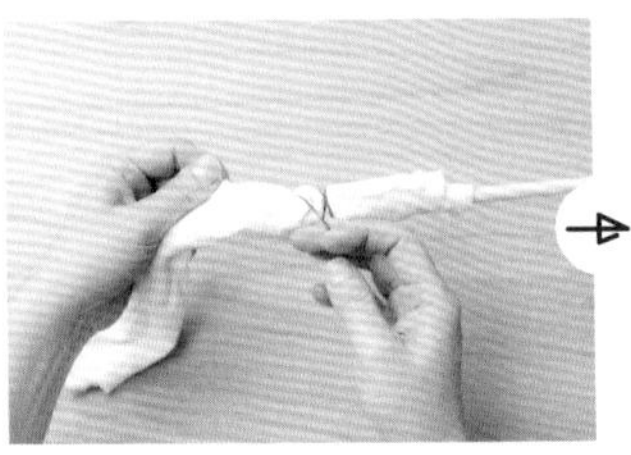

④ 以橡皮筋固定捲在細棍上的抹布。

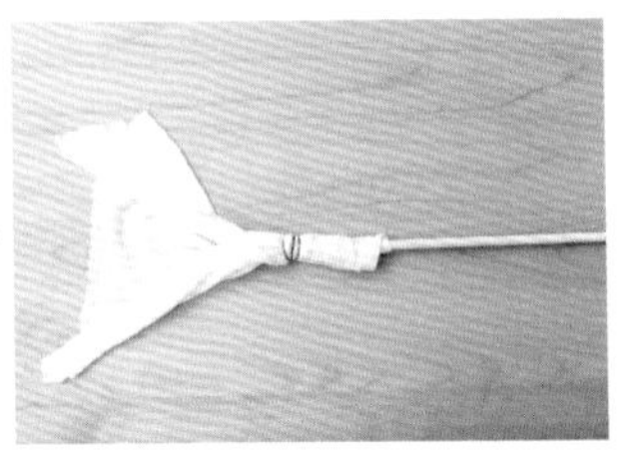

⑤ 盡可能攤開前端的布料。若抹布是濕的，就不會輕易鬆脫。

倍半碳酸鈉撢子
不會揚起灰塵，
而是直接吸附灰塵！

窗簾軌道上方很容易積塵。只要輕輕揮過，就能輕鬆吸起灰塵。

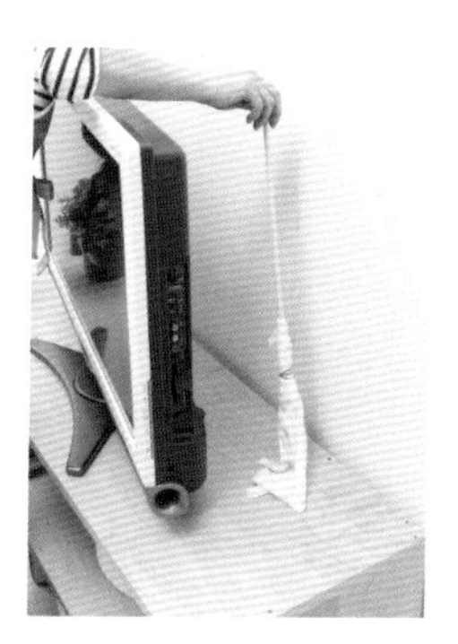

不易清潔因而常常積塵的電視機背面，也可用揮掃的方式打掃。若撢子是濕的，就很容易吸附灰塵，不會導致灰塵滿天飛。

薄薄堆在時鐘上的灰塵，也只要輕揮兩下就可以了。

電視櫃下方也很容易堆積灰塵。以撢子把地板的灰塵掃出來吧！

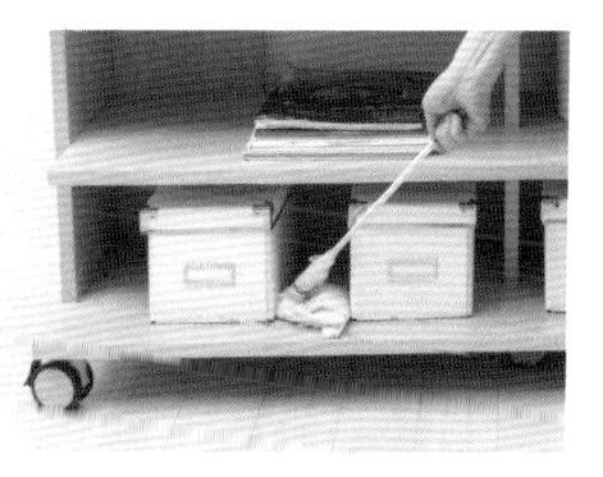

像這樣的縫隙，想要不移動物品就打掃乾淨的話，果然還是得藉助細長的撢子。

清潔窗戶玻璃

看不見的窗戶污垢也以倍半碳酸鈉一掃而空

若是灰塵等一般污垢，使用清水就能擦掉，但若有菸垢黃漬、油污或廢氣髒污等附著於玻璃時，則推薦以倍半碳酸鈉水來清潔。只要用刮刀就能將污垢清乾淨。

※肌膚較脆弱敏感者請戴上橡膠手套作業。

窗戶玻璃

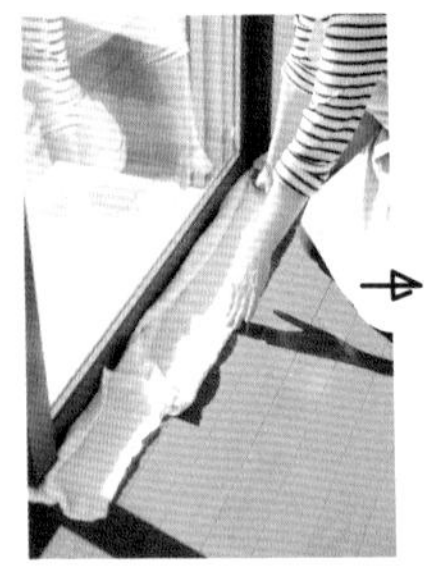

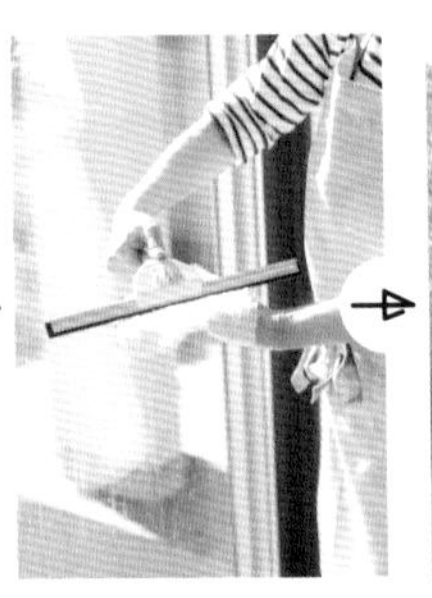

1 以抹布或毛巾沿窗邊鋪成細長狀。

2 由上往下噴灑倍半碳酸鈉水（或者清水）。要徹底噴濕玻璃，直到水滴會流至地板的程度。

3 右手拿刮刀、左手拿抹布。刮刀從左上往右邊移動，最後轉往下，再迴轉撈起污水。

4 以抹布擦拭刮刀上的污水。繼續往下方進行相同步驟，以刮刀清潔。

5 最後以抹布擦拭窗框。

軌道

1 以軌道刷（參考P.71）或牙刷等，將軌道裡的灰塵或垃圾聚集在一起，由軌道邊邊掃出。

2 在擰乾的濕抹布上噴灑倍半碳酸鈉水。將抹布捲在指間，擦拭軌道。細小處可使用免洗筷等工具協助。

牆壁髒污・塗鴉

牆壁的髒污包含灰塵、油污、菸垢黃漬等。若是經過塑膠膜加工的壁紙，倍半碳酸鈉水幾乎可以清掉大部分的污垢。

※無法使用於白木、灰泥、布料、紙類牆壁材料上。若為其他材質，請先於不顯眼處測試後再行使用。

有著淡淡污垢的牆壁就以倍半碳酸鈉恢復潔白！

1 在擰乾的濕抹布上噴灑倍半碳酸鈉水。

2 刷洗髒污處。擦掉污垢後，以清水擦拭乾淨。

有哪些塗鴉可以清掉？

即使是孩子的塗鴉，若壁紙為塑膠膜材質，就有清掉的可能。視塗鴉工具的不同，清潔方式也相異。在剛弄髒時會比較容易清掉，因此一旦發現就趕快處理吧！

●色鉛筆　以橡皮擦擦掉。

●蠟筆　以牙刷沾上肥皂*刷除。

●油性筆　以壓克力纖維海綿沾上肥皂*刷洗。

●油性原子筆　以牙刷沾上肥皂*刷除。

＊肥皂可以使用肥皂粉沾水，或者沾取濃稠皂液（參考P.25）。

CHAPTER

客廳 ②

客廳的另一種污垢，就是手垢。沾附於家具上的手上皮脂，很容易附著灰塵而呈現髒污。除了平時經常碰觸的桌子、沙發、椅子之外，還有門把、電燈開關、電燈、電視、電器產品的遙控器、電腦等處，這些污垢也都以倍半碳酸鈉清潔，使它們閃閃發亮吧！

CHAPTER 6

清潔家具

請先確認家具材質再進行清潔！

有些家具無法使用倍半碳酸鈉，因此請先確認材質。務必於不顯眼處先行測試，確認沒有異常後再進行去污。

※肌膚較脆弱敏感者請戴上橡膠手套作業。

桌子

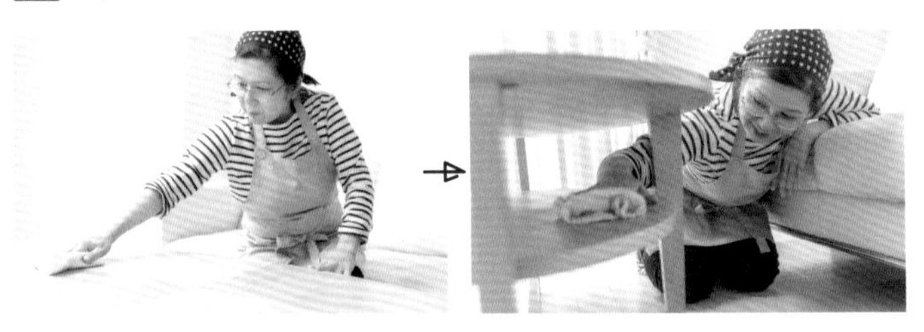

使用噴灑了倍半碳酸鈉水的擰乾抹布擦拭。若髒污非常嚴重，也可直接噴灑。桌面下的置物處也很容易堆積灰塵，也請記得清潔。最後以清水擦拭乾淨。

※大部分的桌子都能使用倍半碳酸鈉水來擦拭，不過白木容易發生變色、變質問題，這點還請留心。

合成皮沙發

※布藝與真皮沙發請勿使用倍半碳酸鈉水。

1 將倍半碳酸鈉水噴灑於擰乾的濕抹布。

2 最容易沾附手垢的，便是沙發扶手。以步驟1的抹布清理之後，再以未噴灑倍半碳酸鈉水的清水面擦拭乾淨。

3 座椅面與靠背的頭部接處面很容易累積髒污。

塑膠椅

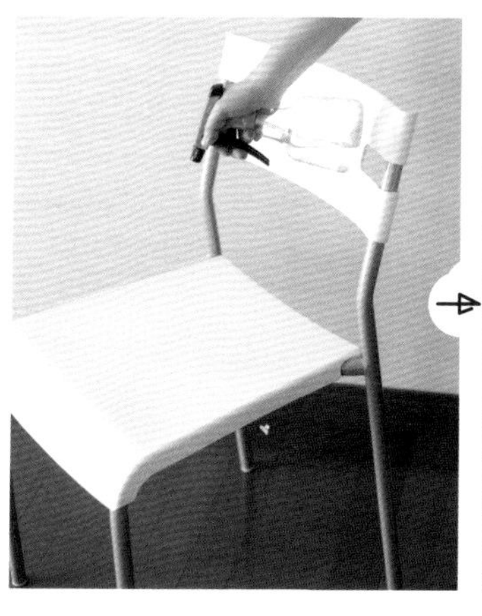

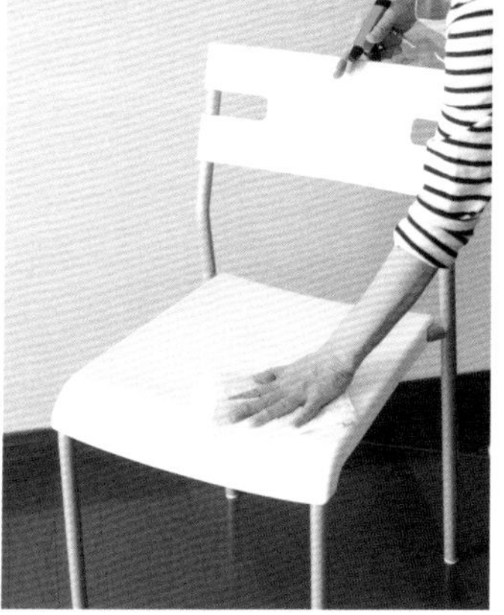

塑膠椅是很容易吸附灰塵的材質。直接將倍半碳酸鈉水噴灑在椅面上，再用擰乾的濕抹布擦拭，最後以清水擦拭乾淨即可。

木椅

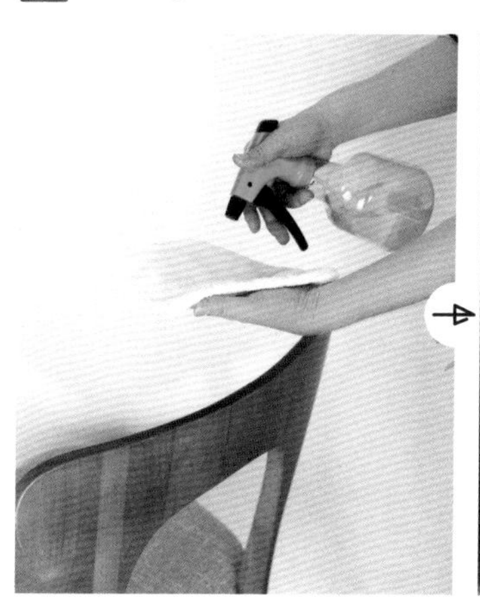

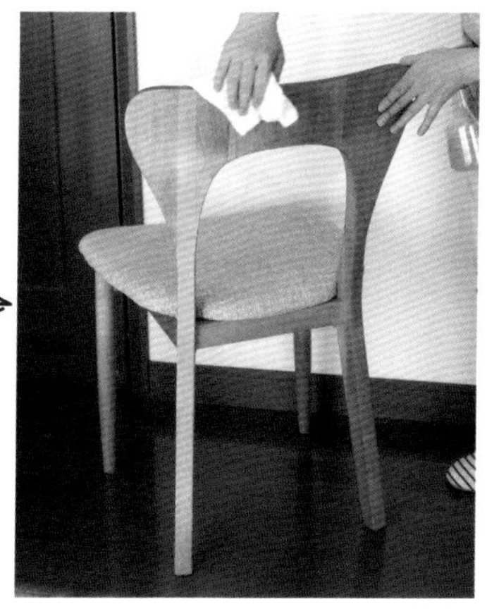

若是木椅，請先在不顯眼處測試是否可以使用倍半碳酸鈉水。假如沒有問題，就以噴灑了倍半碳酸鈉水的擰乾抹布擦拭。特別要注意的髒污處，是拉椅子的時候會接觸到的椅背部分。最後一樣使用清水擦拭乾淨。

※白木椅、布料或真皮椅面請勿使用倍半碳酸鈉水。

塑膠皮椅

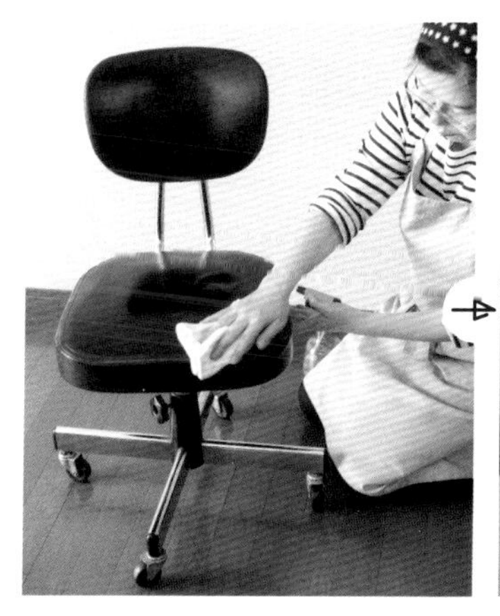

以噴灑了倍半碳酸鈉水的擰乾抹布擦拭，最後使用清水擦拭乾淨。不鏽鋼處也一樣，清潔後以清水擦拭乾淨。要注意的是，為了不留下水垢，最後要乾擦一次。

客廳周邊髒污

容易沾附手垢與灰塵的地方

客廳打掃乾淨之後，就會很在意散布於各處的髒污。只要以倍半碳酸鈉水輕輕擦拭，就能輕鬆去除。

※與電源相接之處，請勿直接噴灑。

☑ 電視

在擰乾的濕抹布上輕輕噴灑倍半碳酸鈉水。擦拭容易沾附手垢的外框。注意不要擦拭液晶螢幕。最後以清水擦拭乾淨。

☑ 檯燈

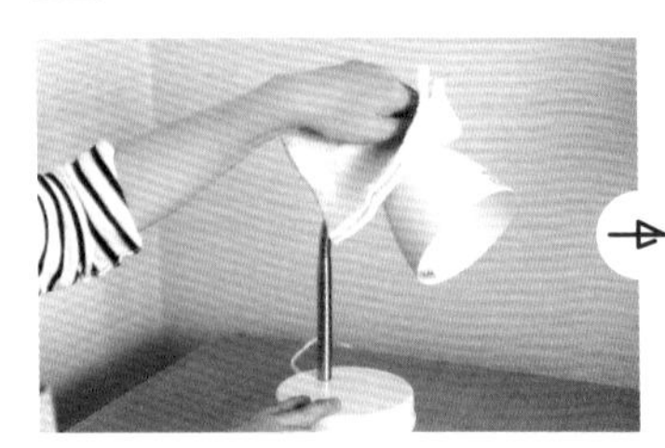

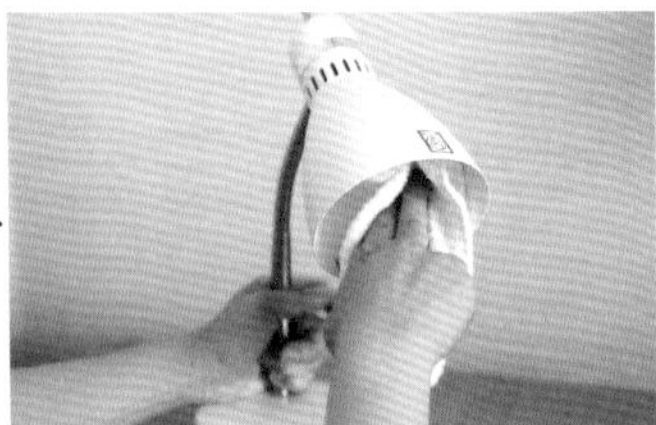

在擰乾的濕抹布上輕輕噴灑倍半碳酸鈉水，重點擦拭開關、燈罩外側等容易沾附灰塵和手垢的地方。內側其實也很容易沾附灰塵，請轉下燈泡後擦拭。最後以清水擦拭乾淨。

☑ 門把

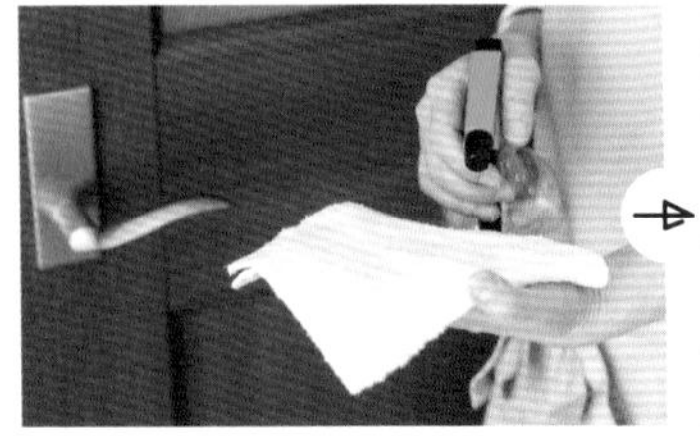

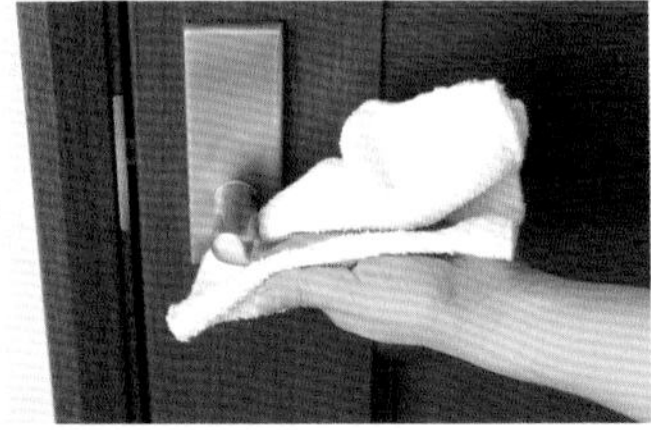

容易沾附手垢的門把，也是先在擰乾的濕抹布上輕輕噴灑倍半碳酸鈉水，宛如包覆門把般裹起來擦拭。最後以清水擦拭乾淨。

按鈕和開關
就使用棉花棒仔細清理吧！

☑ 遙控器

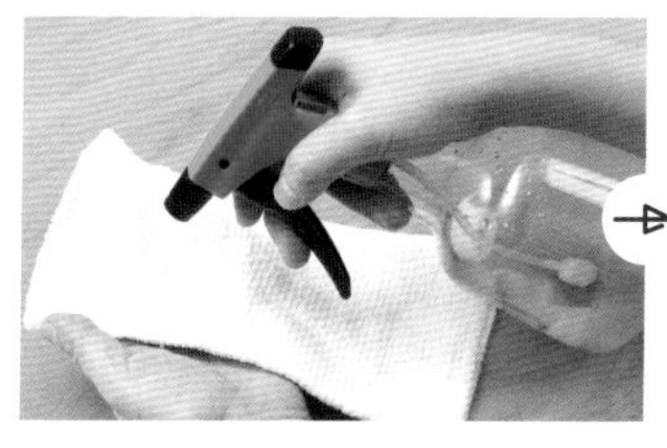

在擰乾的濕抹布上輕輕噴灑倍半碳酸鈉水，接著以指尖擦拭遙控器整體。最後以清水擦拭乾淨。

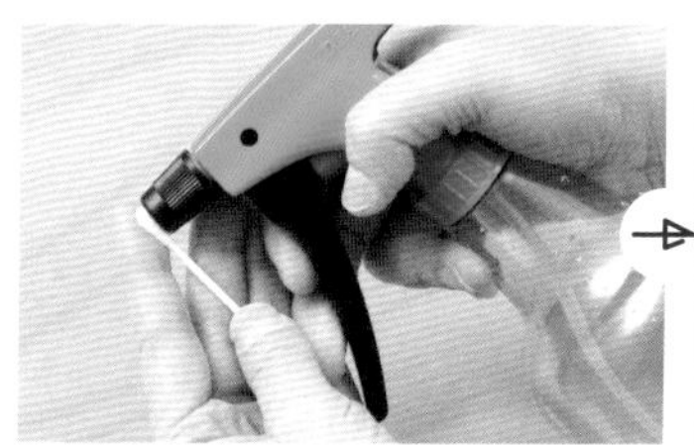

按鈕周圍等細小部分的髒污，就以棉花棒仔細清理。棉花棒尖端沾上少許倍半碳酸鈉水，擦拭按鈕周圍。之後以棉花棒另一端沾清水，再次擦拭按鈕周圍。

☑ 電腦

在擰乾的濕抹布上輕輕噴灑倍半碳酸鈉水，將整體輕擦一遍，最後以清水擦拭乾淨。注意不要擦拭液晶螢幕。鍵盤部分使用棉花棒來清潔，作法同遙控器。

☑ 開關面板

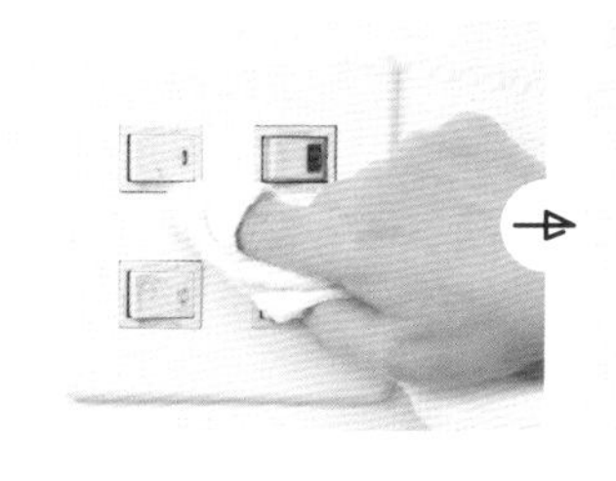

將擰乾的濕抹布捲在指尖上，輕輕噴灑倍半碳酸鈉水。以指尖來擦拭開關面板。最後以清水擦拭乾淨。較細微的地方就搭配棉花棒使用，作法與遙控器相同。

洗手間・浴室髒污

如果經常清理洗手間，打掃起來就會很輕鬆。但一旦有所鬆懈，就非常容易累積髒污。請配合髒污種類選用倍半碳酸鈉、肥皂、過碳酸鈉或檸檬酸。倍半碳酸鈉也可用來清潔寵物穢物。

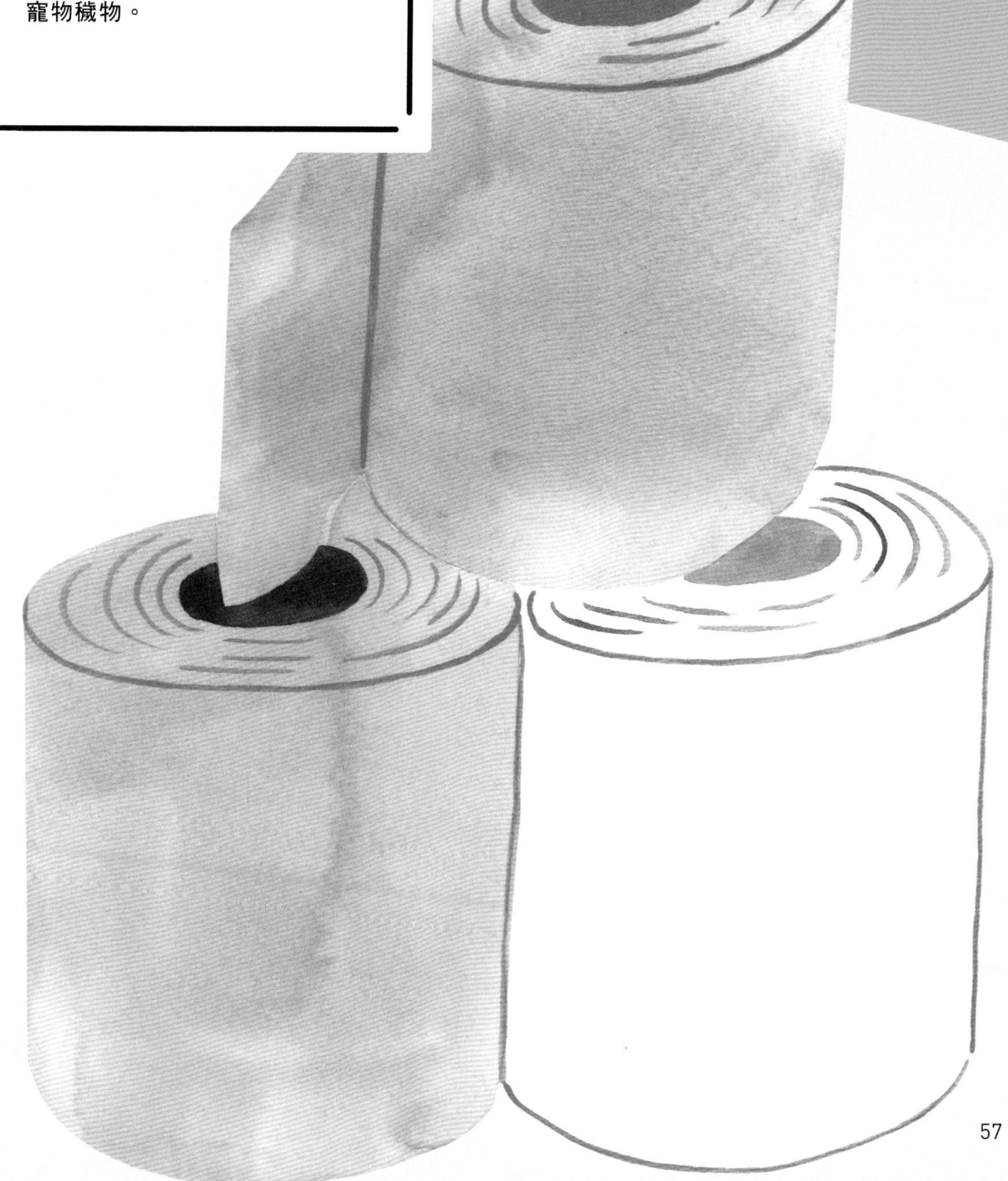

洗手間清潔

狹窄的地方
正好活用
倍半碳酸鈉撢子！

一般而言，洗手間裡越靠近地板的地方越髒，因此基本上必須由上往下打掃。由於會在這裡穿脫衣物的緣故，因此積塵其實意外的多。

※肌膚較脆弱敏感者請戴上橡膠手套作業。

1 首先使用倍半碳酸鈉撢子（參考P.46）打掃換氣扇上方，以及窗框等處的積塵。順便打掃防滑握把、衛生紙架等處。

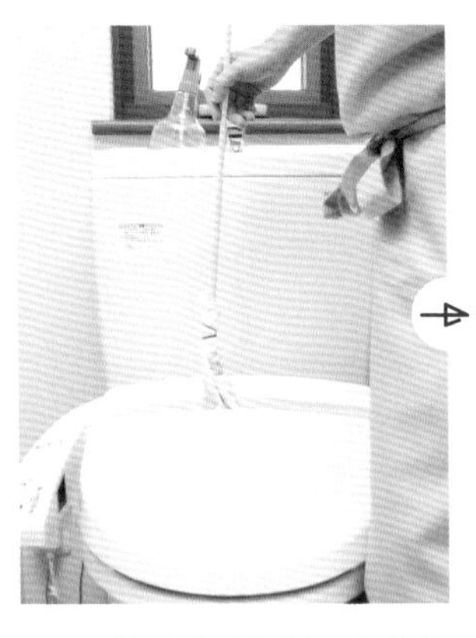

2 倍半碳酸鈉撢子也能輕鬆打掃馬桶蓋縫隙中附著的灰塵。

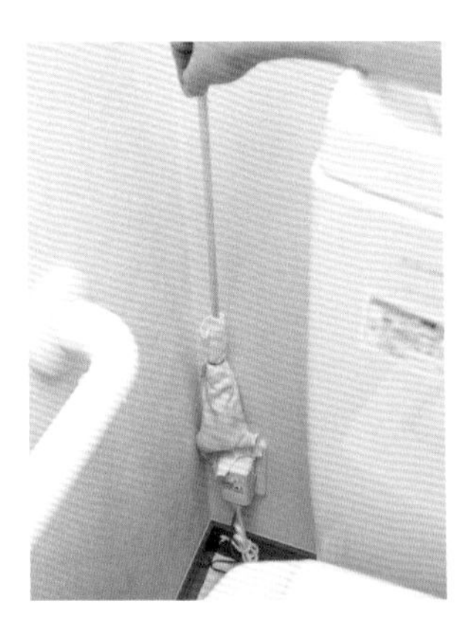

3 插座及電線等也會沾附許多灰塵，一樣可使用倍半碳酸鈉撢子，馬上清潔溜溜。

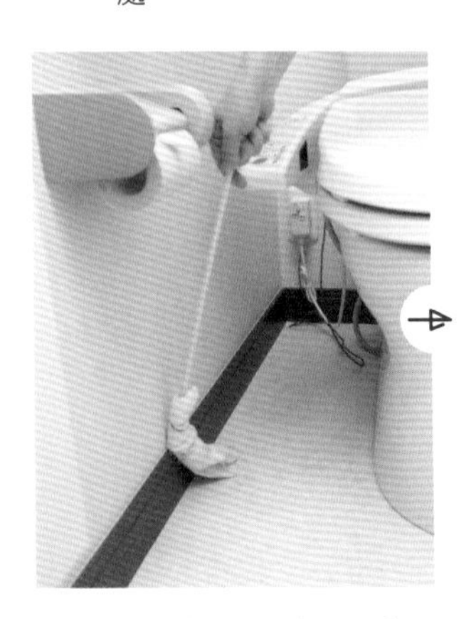

4 踢腳板上堆積的灰塵也是掃過就乾淨了（撢子使用的布塊可選擇用完即丟的）。

5 牆面下方可能會有不小心飛濺的尿液。可直接將倍半碳酸鈉水噴灑於牆壁上，再以擰乾的濕抹布擦乾淨。

※適用的牆壁材質請參考P.49。

6 地板清潔方式同牆壁。清理方向為由內往外擦拭。

馬桶與馬桶蓋依「乾淨」→「髒污」的順序清潔

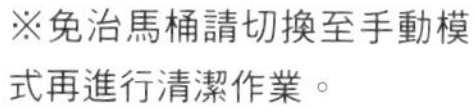

※免治馬桶請切換至手動模式再進行清潔作業。

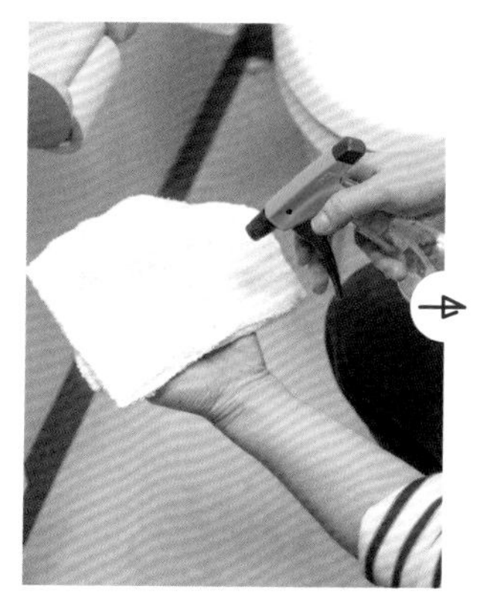

1　在擰乾的濕抹布上噴灑倍半碳酸鈉水。

2　由髒污較少處擦起。先擦拭馬桶座表面，再清潔馬桶蓋內側。

3　掀起馬桶座，將倍半碳酸鈉水直接噴灑於接合處。

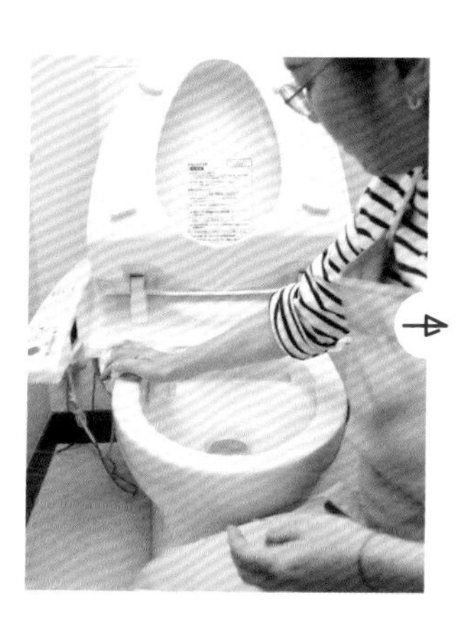

4　先以擰乾的濕抹布擦拭馬桶座，再擦馬桶邊緣。

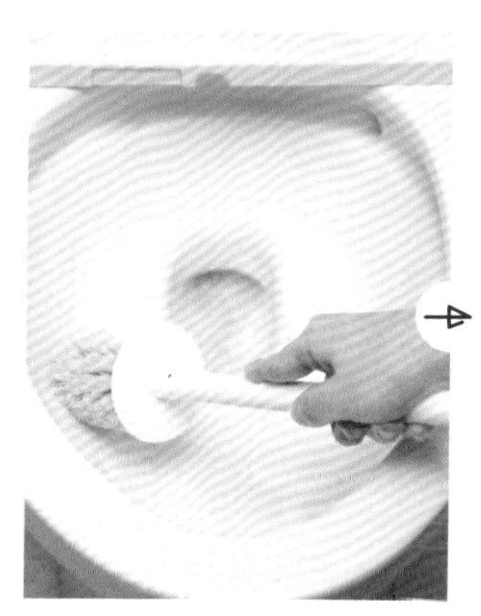

5　將倍半碳酸鈉水噴至馬桶內，以馬桶刷去污（若髒污非常嚴重，就將肥皂粉灑進馬桶裡）。馬桶邊緣內側也要刷洗。

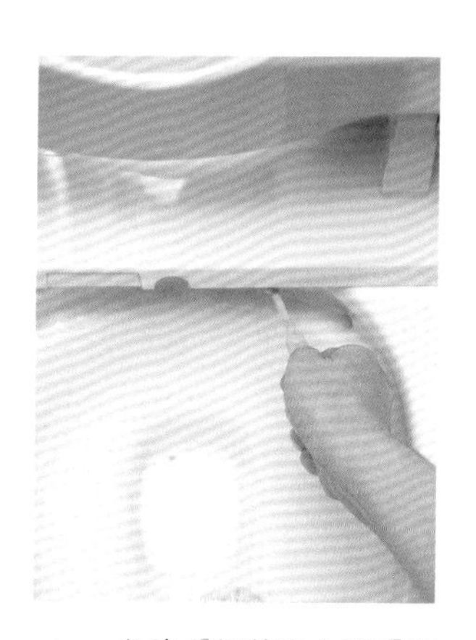

6　免痔馬桶的溫水噴頭周圍，則使用牙刷來刷去污垢。

CHAPTER 7

馬桶水垢及髒污

以檸檬酸包膜
加上過碳酸鈉
雙重打擊水垢

馬桶內的水線上會出現一個棕色圈圈，這就是沉積的水垢髒污，很容易在不常使用的洗手間看見。先使馬桶水位下降之後，再以檸檬酸包膜清除吧！

※免治馬桶請切換到手動模式再進行清潔作業。

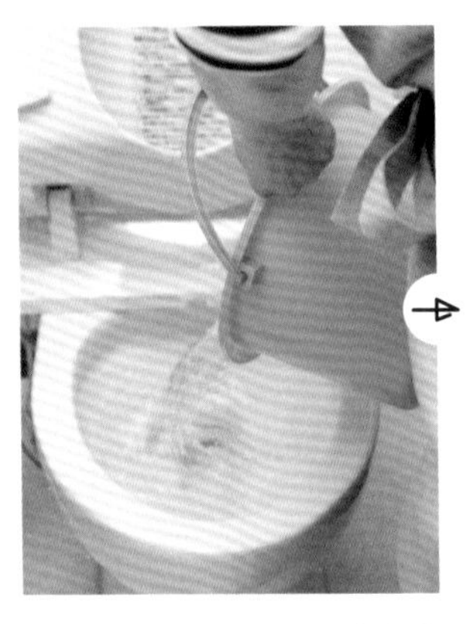

1 以水桶裝水後迅速沖進馬桶中，水位便會下降。如此一來，髒污便會浮現。

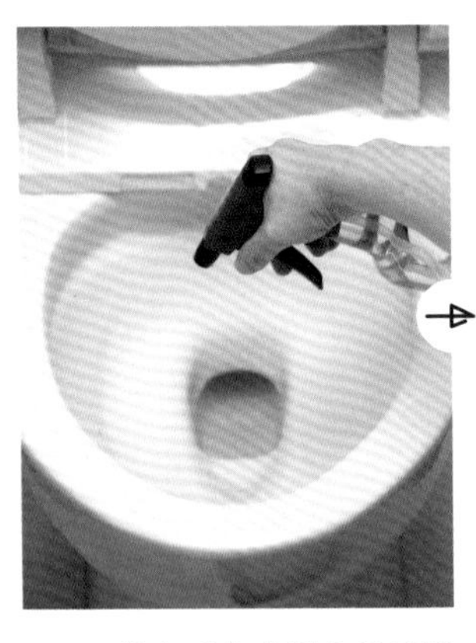

2 於水垢處噴灑大量檸檬酸水。

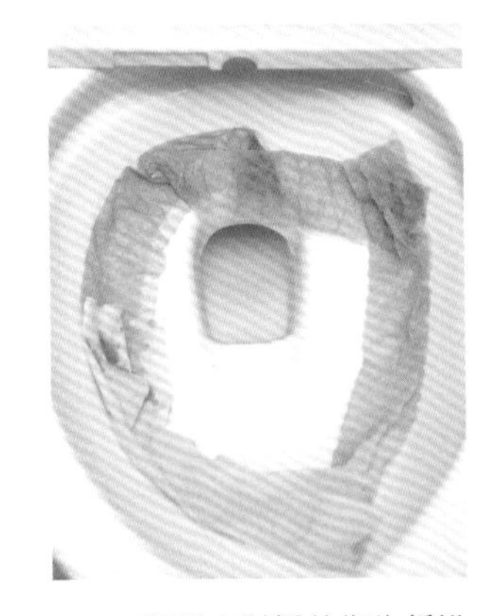

3 將縱向對摺的衛生紙沿著水垢鋪上，再次以檸檬酸水充分噴濕衛生紙後，靜置幾小時。之後沖水數次。

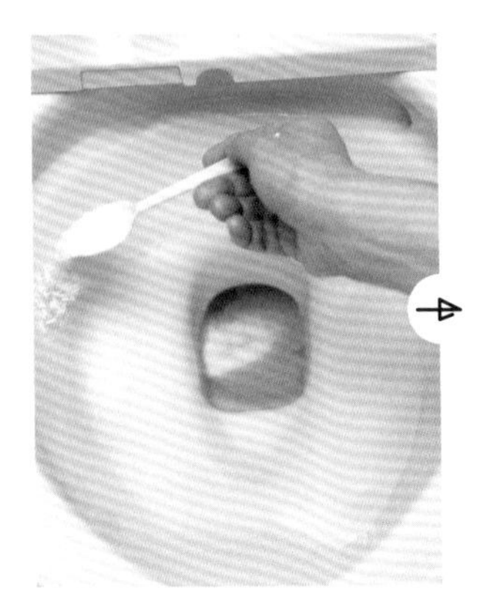

4 再次以水桶迅速沖水，讓水位下降，在水垢的位置灑上過碳酸鈉。

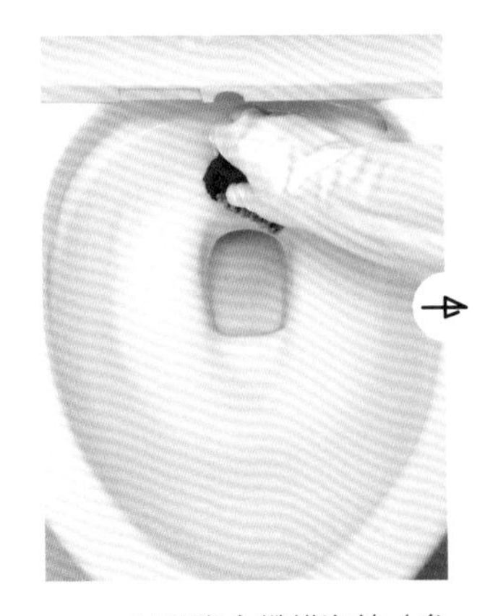

5 以壓克力纖維海綿（參考P.71）沾取過碳酸鈉，開始刷洗水垢。

※請務必戴上橡膠手套進行。

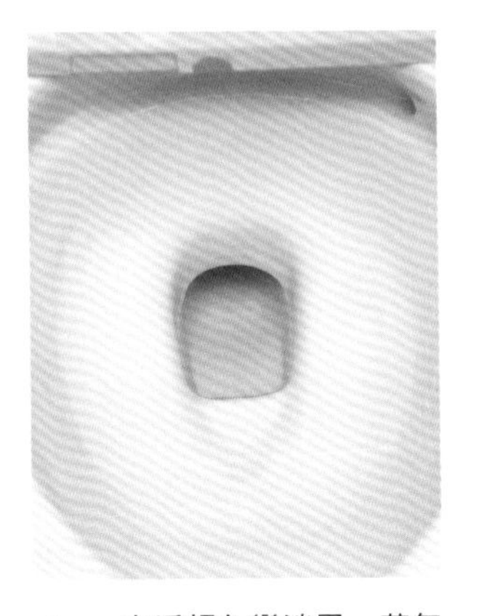

6 水垢顏色變淡了。若無法一次清乾淨，請重複以上步驟。

令人在意的
洗手間
各處

異味

排便後若有異味，可於空中噴灑倍半碳酸鈉水。若該臭味是阿摩尼亞，則是噴灑檸檬酸較有效。

馬桶刷的黑色髒污

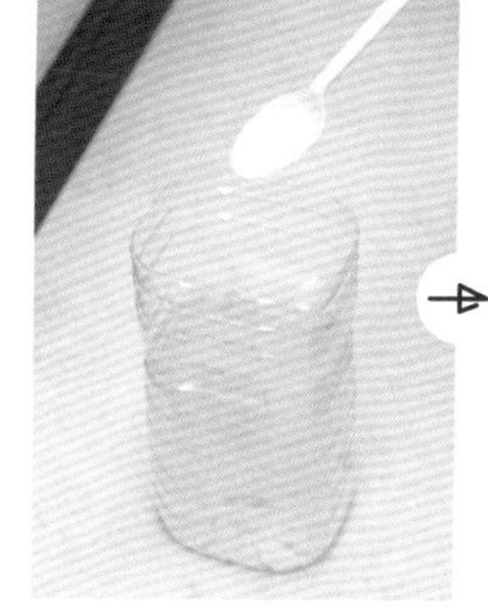

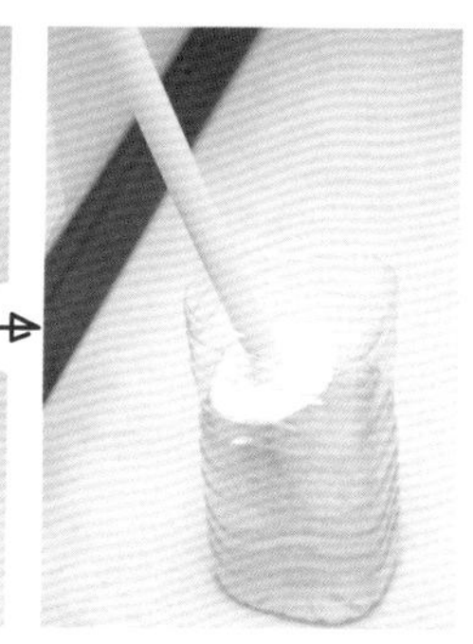

馬桶刷的黑色髒污通常是發霉。將兩公升的寶特瓶對半切開，裝水後加入約一匙過碳酸鈉攪拌。將刷子放在裡面浸泡一晚，就會潔白如新。

CHAPTER 7

寵物穢物清潔

即使寵物忽然嘔吐也無須驚慌。嘔吐物都是強酸性，因此使用鹼性的倍半碳酸鈉水會非常有效。

寵物嘔吐物

1 若寵物吐在地毯上，首先以廚房紙巾清除大部分污物。

2 噴灑倍半碳酸鈉水。

3 以乾淨的濕抹布、搭配抓取物品的方式來擦拭地毯，並且重複清潔數次。

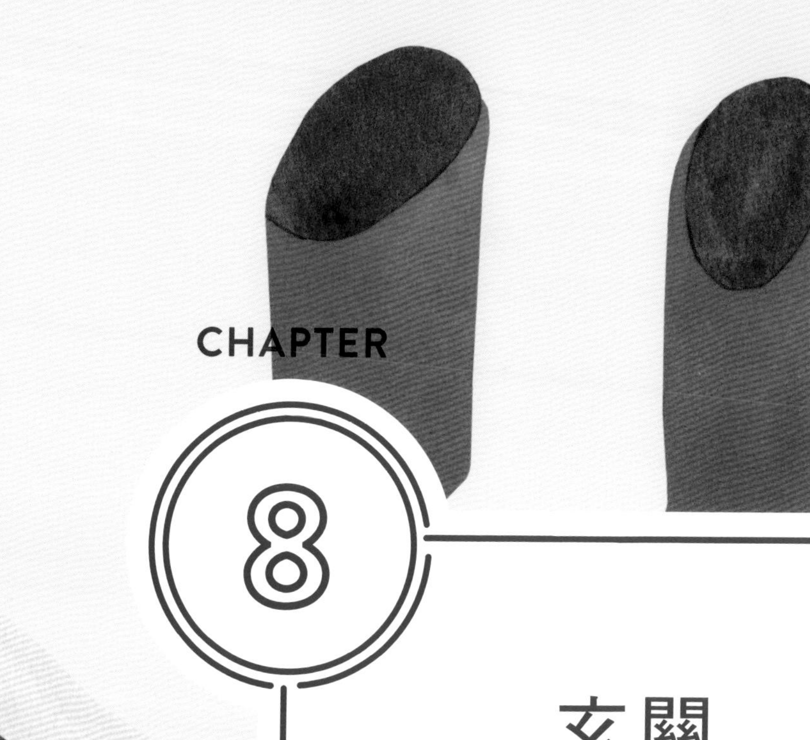

CHAPTER

8

玄關

玄關是一個家的門面。這裡給人的印象，代表了家裡的氛圍。請使用倍半碳酸鈉來保持玄關周遭的清潔吧！請注意，若弄錯打掃順序就會事倍功半。打掃時要留心別讓灰塵從旁溜回去，務必要照著由上至下，由內而外，從樓梯、玄關至門口的規則來打掃才行。

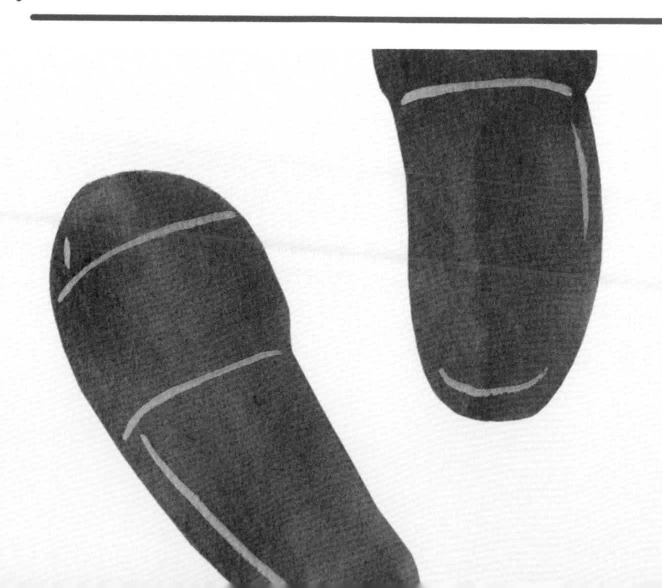

打掃樓梯

大大活躍的倍半碳酸鈉拖把與倍半碳酸鈉撢子！

與玄關相連的樓梯，會有落塵從樓上飄至樓下，可說是灰塵的通道。因此，一開始就必須從樓梯掃起。同時使用兩種工具，由上至下開始打掃吧！

※請不要使用於白木或有上蠟的地板上。

1 使用倍半碳酸鈉拖把（參考P.44）從上層樓梯開始擦拭。

2 以倍半碳酸鈉撢子（參考P.46）往下打掃角落等細節處。

POINT

倍半碳酸鈉撢子能夠輕鬆擦拭容易堆積灰塵的轉角處。

極度狹窄的踢腳板上方也會積塵，但是只要使用倍半碳酸鈉撢子便能清潔溜溜。

POINT

稍微濕潤的撢子能夠順利貼合扶手弧度，輕鬆吸附灰塵。

最後一階的角落處也要以拖把徹底擦拭。

3 容易遺漏的樓地板也很容易積塵。

4 直接往走廊、玄關方向拖過去。

玄關脫鞋區的掃除

報紙x倍半碳酸鈉水
完全不揚塵
又能打掃乾淨！

玄關脫鞋處匯集了室內灰塵以及從室外帶進來的砂石。使用掃把打掃反而會讓灰塵揚起，飄進屋子裡。因此要改以報紙來打掃，以免揚起灰塵。

※肌膚較脆弱敏感者請戴上橡膠手套作業。

1 準備報紙和倍半碳酸鈉水。可在水桶中放入500ml清水及1/2小匙的倍半碳酸鈉，製作倍半碳酸鈉水。

2 將報紙撕成小張。

3 將撕開的報紙浸入倍半碳酸鈉水中。

4 擰乾報紙。

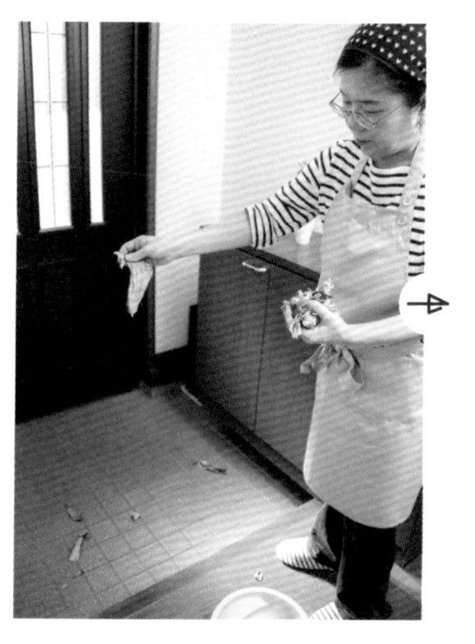

5 將擰乾的報紙撕碎，灑在脫鞋區靠近室內的這一側。

6 掃把由內往外將報紙掃出去。報紙會在移動時吸附灰塵，使其一同被掃出。

7 一直掃到玄關外面，報紙也會吸附門前空地的灰塵。

8 將報紙及灰塵掃至一處。

9 最後以清掃起來的報紙，擦拭門下金屬軌道。

清潔鞋櫃

容易被遺忘的
鞋櫃髒污
也用倍半碳酸鈉來清潔吧！

鞋櫃的髒污，主要是沾附於鞋子上的泥土灰塵。若置之不理，只要取放鞋子就會弄髒玄關。因此請將櫃內的泥土掃出來，維持清潔。請先清潔鞋櫃，再打掃脫鞋處。

※請先在櫃子的不顯眼處測試。

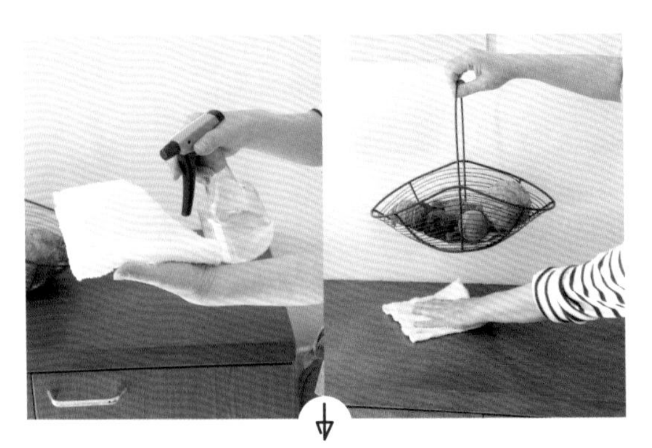

1

從鞋櫃上方開始打掃。將倍半碳酸鈉水噴灑於擰乾的濕抹布，清掃後以清水再擦拭一次。

2

將鞋櫃中的所有鞋子取出，由上層開始，使用小掃把掃出櫃內的泥土灰塵。

3

以步驟1的抹布擦拭鞋櫃內裡，先由側面擦起，再從上層往下擦。

清潔大門

以倍半碳酸鈉讓居家入口處潔淨清爽！

家門外的髒污有泥土灰塵、水垢、苔蘚等，尚未累積太久的髒污都能以倍半碳酸鈉清潔。比起只以清水清潔更能拭去髒污，最後再以清水擦拭。

玄關門

在擰乾的濕抹布上噴灑倍半碳酸鈉水，擦拭整扇門扉。下方容易會有噴濺的泥巴髒污，還請留心擦拭。最後以清水擦拭乾淨。

※木門無法使用倍半碳酸鈉水。

門鈴

還有一處容易堆積髒污的地方，就是門鈴上方、監視器鏡頭和按鈕周圍。在擰乾的濕抹布上噴灑倍半碳酸鈉水後擦拭。

入口大門

在擰乾的濕抹布上噴灑倍半碳酸鈉水後擦拭。若髒污非常頑強，則直接噴灑倍半碳酸鈉水，靜置約十分鐘再行擦拭。最後以清水擦拭乾淨。

信箱

在擰乾的濕抹布上噴灑倍半碳酸鈉水，擦拭信箱外側。為了避免信件沾染髒污，內側也要仔細擦拭。

TOOLS

清潔小幫手

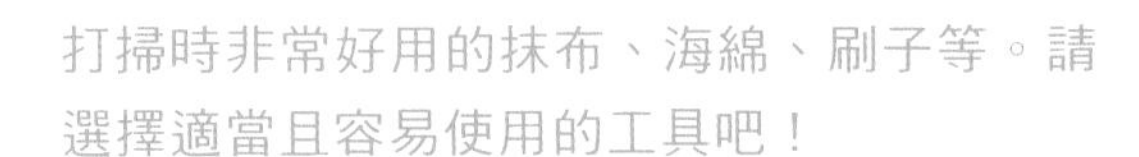

打掃時非常好用的抹布、海綿、刷子等。請選擇適當且容易使用的工具吧！

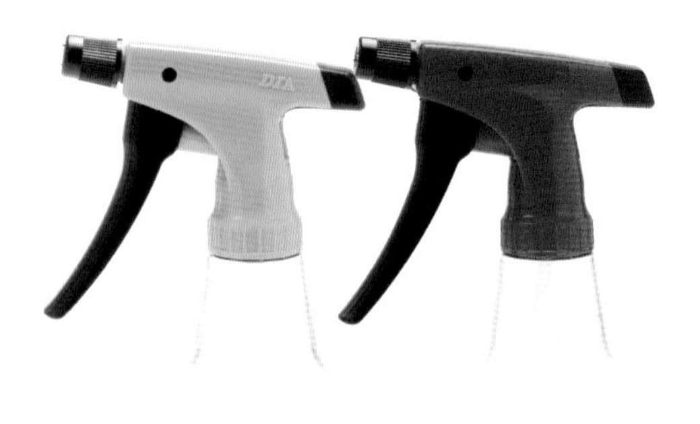

噴霧罐

盛裝倍半碳酸鈉水或檸檬水的容器。建議使用鐘擺吸管的款式，即使傾斜也可以噴灑。為了便於分辨內容物，可以準備不同顏色的容器，或者在瓶身加上標籤，以免弄錯。

舊毛巾·舊T恤

將舊毛巾或T恤當作用完即丟的抹布。可裁剪成容易使用的大小。薄T恤正好可用來製作倍半碳酸鈉拖把或撢子。

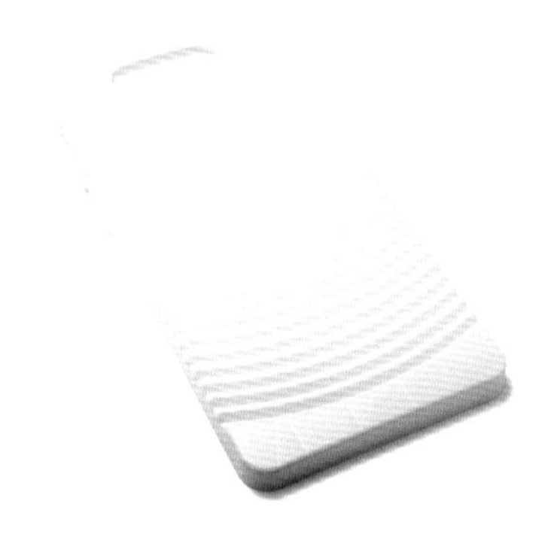

洗衣板

以肥皂洗抹布時非常方便。

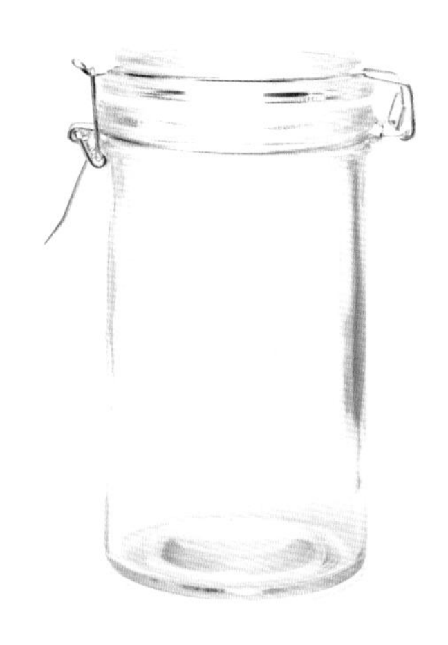

保存容器

用以保存倍半碳酸鈉、肥皂粉、過碳酸鈉、檸檬酸等的容器，最好是密封式的。為了避免忘記內容物為何，建議裝入後立刻作上標記。

橡膠手套

倍半碳酸鈉、肥皂、過碳酸鈉都是鹼性比小蘇打還強的清潔劑，若是非常在意肌膚乾澀的人，請務必戴上手套進行作業。

海綿

打掃廚房時，用途廣泛又容易起泡的海綿刷（右）。若是要對付頑固的焦黏髒污，比起柔軟的海綿來說，有研磨粒子的菜瓜布會更合適（左）。

鬃刷·磁磚刷

刷洗大範圍面積時使用。具有網目或者頑固的髒污就交給鬃刷（左）。另外，有把手的磁磚刷（右）也非常方便。

抹布

使用倍半碳酸鈉水打掃時不可或缺的抹布。請多準備幾條。

壓克力纖維海綿

壓克力纖維較粗且硬，同時具有研磨作用。也適合用於刷洗油污或水垢等固結髒污。

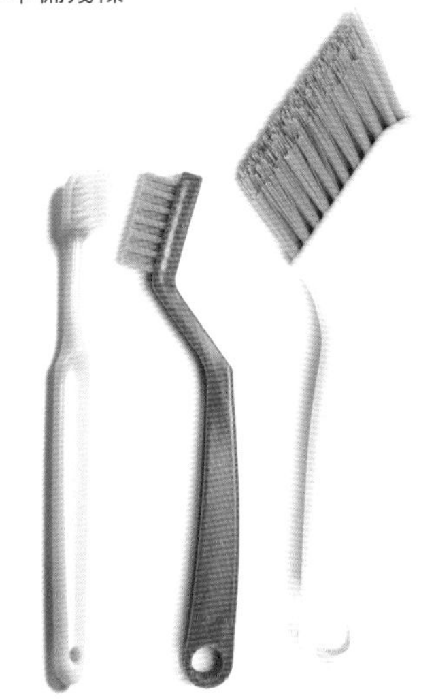

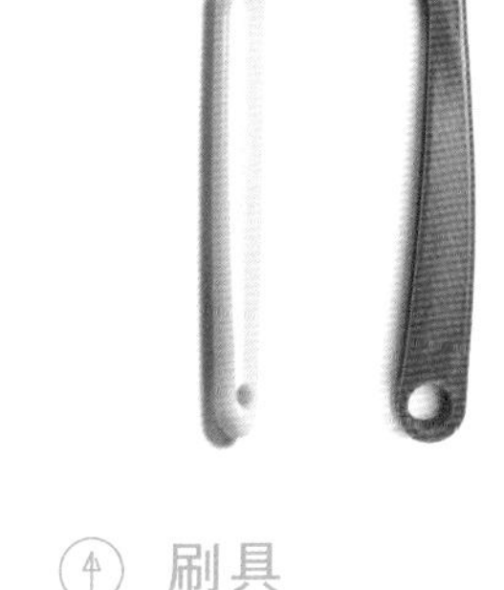

刷具

雙手難以清潔的細小處，就使用刷子來協助吧！牙刷很好用，但是依場所而定，使用具有角度的刷具（中）可能更方便。大的軌道刷（右）也是更有效率。

自然樂活 03

有氧掃除不費力，去污超犀利！

天然鹼清潔術

講　　師／赤星 たみこ
譯　　者／黃詩婷
發 行 人／詹慶和
總 編 輯／蔡麗玲
執行編輯／蔡毓玲
編　　輯／劉蕙寧．黃璟安．陳姿伶．李佳穎．李宛真
執行美編／陳麗娜
美術編輯／周盈汝・韓欣恬
出 版 者／雅書堂文化事業有限公司
發 行 者／雅書堂文化事業有限公司
郵撥帳號／18225950
戶名：雅書堂文化事業有限公司
地　　址／新北市板橋區板新路206號3樓
電　　話／(02) 8952-4078
傳　　真／(02) 8952-4084
電子郵件／elegant.books@msa.hinet.net

2017年12月初版一刷　定價 240元

SESQUI PLUS ALPHA DE PIKAPIKA! GEKIOCHI SOJI JUTSU by Tamiko Akaboshi

Original Japanese edition published by NHK Publishing, Inc.

This Traditional Chinese edition is published by arrangement with NHK Publishing, Inc., Tokyo in care of Tuttle-Mori Agency, Inc., Tokyo through Keio Cultural Enterprise Co., Ltd., New Taipei City.

經銷／易可數位行銷股份有限公司
地址／新北市新店區寶橋路235巷6弄3號5樓
電話／（02）8911-0825
傳真／（02）8911-0801

日文版Staff

設計　北田進吾（KITADA-DESIGN）
　　　野本奈保子（nomo-gram）
　　　堀　由佳里
　　　佐藤江理（KITADA-DESIGN）
攝影　藤田浩司
插圖　深川　優
編輯協力　福井順子

國家圖書館出版品預行編目資料

天然鹼清潔術：有氧掃除不費力,去污超犀利！/ 赤星たみこ講師；黃詩婷譯.
-- 初版. -- 新北市：雅書堂文化, 2017.12
　面；　公分. -- (自然樂活；3)
ISBN 978-986-302-404-0(平裝)

1.家政 2.手冊

420.26　　106022767

有氧掃除不費力，
去污超犀利！

髒污明顯溶解掉落，
打掃輕輕鬆鬆！

廚房 / 浴室 / 客廳 / 洗手間 / 玄關

有氧掃除不費力，
去污超犀利！

髒污明顯溶解掉落，
打掃輕輕鬆鬆！

廚房／浴室／客廳／洗手間／玄關